JN494762

최신 영문 항해 일지

각종 서식·통신문 기입법

한영대역표기·단위환산표 수록

해광도서편찬회 편

해광출판사

머 리 말

한국 연안만을 항해하는 선박은 한글로 항해일지를 기재해도 무방하나, 외국항로를 취항하는 상선과 원양어업에 종사하는 어선에서는 영문이 바람직합니다.

해외에서 해난사고 발생시 국문 항해일지를 외국의 해운관청에 제출하게 되면, 그 정부가 지정하는 번역자에게 번역을 의뢰하게 되는데, 지정 번역자의 사정으로 시일이 지연되는 수도 있고, 또는 오역되어 피해자인데도 오히려 가해자로 몰리게 될 수도 있습니다.

국제항해를 하는 선박은 본사나 대리점 간의 지시문·보고서·주문서·신청서·청구서·영수증·기타 상업 광고문 등이 주로 영문으로 작성되어 있습니다. 국내에서조차 선박수리나 선용품 주문 시에 관용적으로 영문을 쓰고 있는 실정입니다.

따라서 이 책은 영문으로 항해일지를 기록하고, 각종 보고서나 통신문의 영문 작성시 도움이 될 수 있게 구성 되었습니다.

본문에서는 항해일지 기록시 각 사항별로 참고가 될 수 있는 '영문항해일지 기입법'과, 선상생활에서 필요한 각종 '해사통신문'이 예문과 함께 영어와 한글이 서로 대조되게 구성되어 편리하게 볼 수 있도록 되어 있습니다.

다양한 입출항시와 같은 경우에 일일이 사전이나 문법서적과 씨름하기보단 필요한 부분의 단어를 조금만 바꾸어서 서식에 따라 서류를 작성하면 사관으로서의 업무수행에 능률적이면서도 근무성적에도 좋은 평가를 받게 될 것입니다.

단시간 내에 영문 항해일지 기입법을 마스터하고 항해사로서의 자질을 하루 속히 완비하게 된다면 편역자의 기쁨이 이에 더할 나위가 없겠습니다.

해광도서편찬회 씀

일 러 두 기

1. 각 장의 첫머리에 관련 예문의 어귀를 요약하여 이해에 도움이 되게 하였다.
2. 용어는 로마자 한글화 표기법에 따라 표기하였다.
3. 번역어 가운데서 우리말로 정착되지 않은 문구는 가장 적당하다고 생각되는 것을 임시로 채용하였다.

   보기 : deviation of courses→항로변경(航路變更),
   lookout→견시(見視), 파수(把守), renew→신품과 교환하다.
   available space→할당여석(割當餘席). 또는 적하여석(積荷餘席),
   shortland→양하부족(揚荷不足).
4. 적당한 번역어가 없거나 혼동의 우려가 있는 문구는 선원의 관습에 따라 원음을 표기하였다.

   보기 : caulking→코오킹 , scaling→스케일링,
   scraping→스크레이핑, rolling→로울링.
5. 제5장 '어선조업에 관한 사항'은 본서만이 가진 특색이며, 원양어업 종사자는 꼭 참고하시기 바란다.
6. 금후 세계적으로 적용될 해상오염 방지협약 부속서의 기름기록부 기재요령을 부록에 실었다. 갑판부 사관은 평소에 익혀두기 바란다.
7. 본서를 번역하는데 참고로 한 서적은 대체로 다음과 같다.

   ① 福田賽吉 : 英文 航海日誌 基他書方
   ② 加藤·師岡 : 英文 航海日誌の記載要領
   ③ 四之宮 : 英文和文 航海日誌の書き方
   ④ 三谷 : 英文航海日誌に强くなる本
   ⑤ 加藤 : 初等海事英語
   ⑥ 輻富 : 英文 機關日誌 其他書方
   ⑦ 四之宮 : 航海用語辭典
   ⑧ 해문당 : 선박도감
   ⑨ 해문당 : 해사약어집

차 례

제 1 편 항해일지

제 1 장 항해일지의 종류

제 2 장 항해일지의 취급요령

제 3 장 영문 항해일지의 특징과 작성상의 주의

제 4 장 항해일지 본란의 기사 기입법

제 2 편 항해일지 기입법

제 1 장 출입항에 관한 사항

제 2 장 항해 중에 관한 사항

제 3 장 정박 중에 관한 사항

제 4 장 입거에 관한 사항

제 5 장 어선조업에 관한 사항

제 6 장 사고 및 해난에 관한 사항

제 7 장 일반사항

제 8 장 야간 명령부

제 9 장 해난보고

제 10 장 입거공사 사양서

제 3편 해사 통신문

제 1 장 통신문 작성법

제 2 장 해사 통신문의 실례

제 1절 하역관계 예문

제 2 절 사고보고 · 기타

제 3 절 해사검정 인정서

제 4 절 지점 또는 대리점으로부터의 지시

제 5 절 추천장·위임장·영수증·기타 통지문

제 6 절 기타서류

부 록

제 1 편 항해일지
The Log Book

제 1 장 항해일지의 종류
Kinds of log book

§1. 갑판부 당직일지
Deck log book

각 당직 항해사가 당직이 끝난 직후 본인의 당직시간 중에 일어난 사항을 기록하여 날인 또는 서명한다. 흔히 당직 중의 Officer's watch memo 또는 출입항시의 Stand by book(또는 Telegraph & station book)으로부터 요약·정리한다.

정박 중에는 log book 담당사관이 필요사항을 수시로 기입 한다.

§2. 선용 항해일지
Ship's log book

1등 항해사가 관리하며, 갑판부 당직일지에 기록된 내용을 취사선택하여 정서하고 각 항해사의 서명을 받은 후 선장에게 제출하여 서명을 받아 선박이 운항하는 한 선내에 영구히 보존되는 기록이다. 그러나 갑판부 당직일지를 그대로 선용 항해일지로서 겸하는 선주도 있다.

선용 항해일지는 선박의 행동과 선내에서 발생한 사건에 관한 가장 중요한 기록이며 중요서류로 기재내용은 다음과 같다.

1. 본란(本欄) 또는 항해 기록란(航海記錄欄)
   (1) 매시속력(每時速力)
   (2) 나침의 침로(羅針儀針路)
   (3) 자차(自差)
   (4) 편차(偏差) 및 풍압차(風壓差)
   (5) 풍향·풍력(風向·風力)
   (6) 날씨(天候)
   (7) 기압(氣壓)·기온(氣温) 및 수온(水温)
   (8) 검측(檢測)
   (9) 기관 회전수(機關回轉數)
   (10) 정오위치(正午位置)·직항침로(直航針路) 및 직항거리(直航距離)·해류방향(海流方向) 및 유속(流速)
   (11) 청수(淸水)와 연료(燃料)의 양·흘수상태(吃水狀態)
   (12) 묘위(錨位)와 계류위치(繫留位置)
   (13) 기타 필요사항(승무원, 인원수 등)

2. 항해 기사란(航海記事欄)
   (1) 발착항명(發着港名)·항해차수(航海次數) 및 발착일시(發着日時)
   (2) 일과작업(日課作業)의 상태
   (3) 기관사용(機關使用)의 상태
   (4) 침로(針路)·변침점(變針點)·시각(時刻) 등
   (5) 저명물표(著明物標)·등대(燈臺)와 등광(燈光)이 보인 순간과 사라진 순간의 시각·방위(方位)·거리·로그 시도(Log 示度)
   (6) 황천 준비작업 (荒天準備作業)·보안 항해작업(保安航海作業)을 실시한 이유와 시각 등

(7) 법규에 규정된 제동작(諸動作) 즉 무중신호(霧中信號) 등을 정규적으로 실시한 경우
(8) 투묘지(投錨地)의 수심(水深)·저질(底質)·닻의 종류와 닻 줄의 길이 또는 계류지명(繫留地名)과 번호 등
(9) 4시간마다의 기상(氣象)·해상(海象) 및 선내순시(船內巡視)의 결과
(10) 정박 중의 하역작업(荷役作業)과 행사(行事) 등
(11) 각종 훈련(訓練)을 실시한 경우
(12) 수밀문(水密門)을 개폐한 경우
(13) 해난(海難)에 관한 사실의 기록
(14) 기타 타선박과의 교신(交信)·선내보안에 관한 사항·인사 교대(人事交代) 등

§3. 관용 또는 공용 항해일지 Official log book

외국에는 우리나라의 관용 항해일지에 해당하는 것이 없고 공적인 기록으로는 Ship's log book이 사용된다. Ship's log book은 우리나라의 당직일지에 해당하는 Rough log book 또는 Working log book에서 1등 항해사가 정서하여 선박에 보관한다.

선원법(船員法) 제18조(서류의 비치) 등에 의하여 총톤수20톤 이상의 선박 또는 평수구역(平水區域) 이상을 항해하는 선박에 비치해야 할 일지이다. 기입사항은 동법 제19조(항행에 관한 보고) 등의 규정에 따라 소정의 사항을 기재하여 해운관청(海運官廳 : 지방 항만관리청 등)에 제출하고 검열을 받아 인증인을 얻어야 한다. 지정된 기재사항은 다음과 같다.

1. 충돌(衝突)·침몰(沈沒)·멸실(滅失)·화재(火災)·좌초(座礁)

·기관의 손상(損傷)·기타 해난이 발생했을 때

2. (1) 항행 중 기타 선박의 구조(救助)에 종사했을 때
   (2) 인명(人命) 또는 선박의 구조에 종사했을 때
   (3) 조난자(遭難者)를 구조하려 하지 않았을 때
3. (1) 선내에 있는 자가 사망(死亡)하거나 또는 행방불명(行方不明)이 되었을 때
   (2) 선내에서 사산(死產)이 있었을 때
   (3) 동법 제15조에 의하여 수장(水葬)을 했을 때
   (4) 동법 제16조에 의하여 유류품(遺留品)을 보관 또는 처분했을 때
4. 예정항로(豫定航路)를 변경했을 때
5. (1) 선박이 억류(抑留) 또는 포획(捕獲)되었을 때
   (2) 선박에 관하여 중대한 사고가 있었을 때
6. 동법 제17조에 의하여 대한민국 국민이 송환(送還)을 명령받았을 때
7. 동법 제20조에 의하여 선장의 직무대행(職務代行)이 있었을 때
8. 동법 제22∼24조에 의하여 해원(海員)을 징계(懲戒)했을 때
9. 동법 제25∼26조에 의하여 위험물(危險物)에 대한 조치를 했을 때
10. 동법 제27조의 규정에 따라 행정관청(行政官廳 : 경찰서 등)에 대하여 원조를 청구했을 때
11. 근로관계(勤勞關係)에 관한 쟁의행위(爭議行爲)가 있었을 때
12. 선원 기타 선내에 있는 자가 범죄행위(犯罪行爲)를 했었을 때
13. 기타 중대한 사고(事故)가 있었을 때
14. 선내에서 출생(出生)이 있었을 때

15. 항행 중에 개방(開放)이 금지된 개구(開口)를 정박 중에 개폐(開閉)했을 때
16. 석탄고(石炭庫) 및 기관실 등의 수밀문을 항행 중에 개폐했을 때
17. 수밀문 등의 훈련과 점검(點檢)을 했을 때
18. 단정(端艇)훈련을 실시했을 때
19. 보조전원(補助電源)의 모든 능력을 유지했을 때와 무선 자동수신기(無線自動受信機)를 시험했을 때

§4. 갑판부 또는 항해 요약일지 Abstract(Condensed) log book

보통 항해 종료시마다 1등 항해사가 선용 항해일지에서 중요사항을 발췌하여 작성하는 일지이다. 그 형식과 기재사항은 회사마다 다르고 흔히 제본(製本)하지 않고 1매씩 용지(用紙)에 기입한다. 선장이 서명하여 선주에게 제출하며 항해 중 선박의 행동(行動)과 성적(成積)을 선주에게 보고 하는 것이다.

§5. 기타 일지(Others)

1. 기관부 당직일지(機關部當直日誌)
   Engineer's rough log book
   갑판부 당직일지에 해당하는 일지이다.
2. 기관일지(機關日誌)
   Chief Engineer's log book
   기관장이 기관부 당직일지로부터 요약·정리하여 서명·날인하고 선장에게 제시하여 검열을 받는다. 기재사항 중 갑판부와 관계되는 사항은 다음과

같다.

(1) 정박장소와 이유
(2) 연료적재(燃料積載) 개시와 종료의 시각
(3) 연료 수령량(受領量)·소비량(消費量) 및 잔량(殘量)
(4) 출입항 당시의 흘수
(5) 출입항 시각·기관의 시동과 정지의 시각·도중에 속력을 증감했을 때에는 그 이유와 시각
(6) 항해 중의 날씨·풍향·풍력 등의 개요
(7) 매시 항주속력(每時航走速力)
(8) 정오로부터 정오까지의 항진시간(航進時間)·항주거리(로그 및 실측)·평균속력
(9) 충돌·좌초·기타 해난시에는 그 시각과 전말(顚末) 및 상세(詳細)

3. 무선일지(無線日誌)

Wireless log book

무선부(無線部)의 일지로서 통신장(通信長)이 서명하여 선장의 검열과 서명을 받는다. 갑판부와 관계있는 기재사항은 위도·경도·날씨·기압·풍향·풍력·파랑·너울·출발항·도착항·출발항으로부터의 거리·도착항까지의 거리 등이며 이들은 갑판부로부터의 연락이 필요하다.

4. 스탠드바이 북(벨 북)

Stand-by book(Bell book)

출입항·전계(轉繫) 또는 전묘(轉錨)시에 선교에서 3등 항해사 또는 그 대행자가 출입항에 관한 사항을 일일이 메모해 두는 노트이다. 이것을 요약하여 당직일지에 기록하는데 중요사항은 다음과 같다.

(1) 출입항 준비의 시각과 준비작업
(2) 닻과 계류색(繫留索)의 사용상황
(3) 발착시각과 지명

(4) 기관의 사용상황·조선(操船)의 개략
(5) 도선사(導船士) 승하선의 시각·장소 및 성명
(6) 예인선(曳引船)의 사용·시각·수 및 선명
(7) 법규를 준수한 기록(세관 및 검역절차 등)
(8) 항내 항로표지(航路標識)의 통과 기록

스탠드바이 당시는 매우 바쁘므로 기호나 약호[예 : stand—by=S/B, slow ahead=ㅗ, half ahead=ㅛ, full ahead=ㅛ̄, stop engine=X, slow astern=ㅜ, half astern=ㅠ, full astern=ㅠ̄ 등]를 정해두면 편리하다.

5. 핸드 로그 북(포켓 로그 북)

Hand log book(Pocket log book)

항해 당직 중 당직 항해사가 당직일지에 기재해야 할 사항을 메모하는 노트이다. 노트의 상반부에 당직일지 본란(시간·속력·침로 ……등)의 1당직분을 인쇄하고 하반부는 공백으로 하여 여기에 항해기사(예 : 1000 , 울기 ⇧ West 2′로 병항 , log 5′)를 쓴다.

월 일								
시간	마일	나침로	자차	풍압차	날씨	풍향	풍력	시정
기사 :								

6. 기관 사용부(機關使用簿)

Engine motion book

기관부 당직일지에는 출입항 일시·기관의 시동과 정지의 시각·항해 중 속력을 증감했을 때에는 그 이유와 시각·항진시간 및 그 시작과 종료의 시각 등을 기재해야 한다. 이같은 기관의 사용상황을 engine motion이라고 부르며 갑판부 당직일지에 기록한다. 기관부와 갑판부의 일지는 서로 약간의 착오가 생기므로 이를 조정하기 위하여 항해사가 이 기관 사용부에 상기 사항을 기입하여 기관사에게 수교한다. 그리고 기관부에서도 정박장소·이유 및 출입항시의 흘수 등이 필요하므로 기관 사용부에는 그때마다 engine motion 다음에 이들을 부기한다.

7. 회전장(回轉帳) 또는 기관부 연락부(機關部連絡簿)

기관부 당직일지에 기입할 수 있도록 항해 중 2시간마다 또는 4시간마다의 날씨·풍향·풍력·해상상태·매시속력·정오로부터 정오까지의 항진시간과 항주거리(로그 및 실측) 및 평균속력을 기입하여 기관부로 연락하는 노트이다. 기관부 일지에는 선박의 침로를 기입하지 않으므로 풍향은 선수에 대한 상대방위(相對方位)를 숫자 또는 그림으로 표시해야 한다. 비고란(備考欄)을 만들어서 저명물표의 항과시각(航過時刻)·distance to(목적지까지의 거리) E.T.A.(예상 입항일자) 또는 선내 사용시간의 수정(진행 또는 지연) 등을 연락해 주면 기관부에서는 매우 좋은 참고가 된다.

기관부에서는 회전장 내용을 옮겨 쓰면 추진기(推進器)에 의한 항주거리와 비교하여 실각(失脚, slip)을 계산하고 1일의 평균 실각 및 매당직의 평균 회전수(平均回轉數, average r.p.m.)를 회전장에 기입하여 갑판부로 반환한다.

제 2장 항해일지의 취급요령
Handling Points

§1. 항해일지의 중요성
Importance of Log book

항해일지는 선박의 행동이나 상태, 이에 관계되는 사항을 기록해 두는 서류로서 다음과 같은 중요한 의의를 갖는다.

1. 선박 운항 상의 중요한 참고자료이다.

[예 : 침로와 항정의 기록으로부터 현재 위치를 추측할 수 있다. 출항시의 흘수·항해 중의 연료와 물의 소비량·밸러스트용 해수의 창수(漲水)와 배수(排水) 등의 기록으로부터 입항시의 흘수와 GM이 계산된다.]

2. 항해기술과 적재방법의 양부를 판정하는 자료가 된다.

[예 : A항으로부터 B항까지 항해하는 동안 어떠한 날씨와 항로였는지와 화물을 어느 화물창에 무엇을 얼마나 적재하였는가를 후일에도 알 수 있고 그 적부를 검토할 수 있다.

3. 해난이 발생한 경우 원인을 탐구하는 자료가 되고 해난심판(海難審判)에서 중요한 증거서류가 된다.

[예 : 출입항시에 방파제 입구부근에서 타선과 충돌한 경우, 당시의 날씨·바람·파랑·시계(視界)의 상황과 기관의 사용 상황은 어떠하였는지와 도선사의 승선여부 및 흘수의 정도 등이 우선 문제시된다. 이들 기록이 해난심판에서 참조·감안되어 충돌의 원인과 책임의 소재가 명백해진다.]

4. 관용 항해일지의 기재사항은 법률상 중요한 증거서 류가 된다.

[예 : 조난선원을 구조한 기록으로부터 선원법 제14조 위반이 아니었음이 인증된다. 황천조우(荒天遭遇)의 기록은 조사보고서(Survey report)와 아울러

본선측(화물 운송인)의 황천에 의한 화물의 손상책임이 면제되는 입증서류가 된다. 충돌·좌초 등 해난기록도 해상보험(海上保險)에서는 이들에 의한 손해가 충보(塡補)되는 요건의 하나이다. 다만 이러한 기록은 반드시 해운관청의 인증을 받아놓아야 한다.

§2. 항해일지의 관리요령 Point of management

1. 항해일지는 이상과 같이 중요한 서류이므로 신중히 취급하고 확실하며 정확하게 기재해야 한다.
2. 항해일지는 1등 항해사가 책임지고 보관해야 한다. 대형선박에서는 보통 3등 항해사가 관리하고 있으나 이는 단지 1등 항해사의 직무 중 일부를 대행하고 있을 뿐이다.
3. 항해당직 중의 사항은 각 당직 항해사가 핸드 로그북을 바탕으로 하여 책임지고 기입하여 날인 또는 서명한다.
4. 정박중의 사항은 정박 당직 중인 항해사가 기입하는 것이 원칙이나, 보통은 최하급 항해사(Bottom officer)가 메모를 바탕으로 기입한다.
5. 원칙적으로 1등 항해사는 매일 당직일지로부터 선용 항해일지에 옮겨 쓰고 필요사항을 보충하여 서명한 후 선장에게 제출하고 검열과 서명을 받는다.

§3. 항해일지의 기재요령 Point of entries

1. 잉크나 볼펜으로 기재한다. 잘못 쓴 부분은 선을 긋고 그 아래나 또는 부근에 다시 바로 쓴다. 절대로 지우거나 잘라내어서는 안된다.
2. 일지의 제1페이지에는 선종(船種)·선명(船名)·선체요목(船體要目), 제2페이지에는 선장 이하 모든 승무원(사관을 포함)의

성명·직무·승선계약의 성립과 종료의 연월일, 제3페이지에는 기준 나침의의 자차(自差)를 기입한다.

3. 일지의 본란과 기사 란에는 기재사항을 완전히 파악하여 적시에 정확히 기입한다.
   가령, 변침시간과 측정의 시도를 기록해 두지 않으면 추측 위치(推測位置)를 산출하기 어렵다. 기재사항 중 변침시각이나 출항 흘수와 같이 특히 시기를 놓치면 알 수 없게 되는 사항은 명심해야 한다.
4. 일지를 완전무결하게 기입하려면 가급적 갑판상에 머물면서 주위와 각 방면에 주의하고 필요한 사항을 메모해 두어야 한다. 갑판위에서는 내가 최고 관리책임자라는 마음으로 하역이 없을 때에도 사관은 항상 갑판위를 배회하면서 기상·해상 • 닻줄이나 계류색의 상태 • 선내작업 • 선내정비 • 흘수·트림(Trim, 船脚) • 스터 빌러티(Stability, 安全性) • 타선 또는 육상으로부터의 신호 • 급수 • 급유 등 모든 일에 배려해야 한다.
5. 후일 문제가 될 만한 중요사항을 기재할 때에는 기재하기 전에 1등 항해사 또는 선장에게 상의하는 편이 유리하다.
6. 일지는 필요사항을 간단명료하게 써야 한다. 자신이 없는 단어나 글자는 사전을 찾아 확인한다.
7. 일지에 사용되는 독특한 단어·용어·기호·문장 등을 사용해야 한다.

제 3 장 영문 항해일지의 특징과 작성상의 주의
Characteristics and how to write

§1. 영문 항해일지의 특징
Characteristics

1. 주어(主語)를 생략한다.

「……은(이, 가) ~한다.」와 같은 문장에서 ……에 상당하는 어귀가 주어이다. 보통 영문일기에서 나(I)가 주어로 되는 경우 문장이 애매해지지 않는 한 당연히 I가 생략된다. 다만 영문 항해일지의 경우 생략된 I는 선박전체를 가리키는 경우도 있고, 일지 기입자인 1등 항해사 또는 당직 항해사를 가리키는 수도 있으며, 때로'우리'를 의미하기도 한다.

예 1. (We 또는 Our ship) Left Busan for Masan. (마산을 향하여 부산에서 출항했다.)

예 2. (I) Called all hands on dock. (총원을 갑판에 소집했다.)

예 3. (The ship) Cleared break-water end. (방파제 끝을 통과했다.)

이상의 예문에서 ( )안의 단어는 생략한다.

2. be동사를 생략한다.

be 동사(현재 : is, am, are. 과거 : was, were. 과거분사 : been)는 생략해도 의미가 불분명하게 되지 않는 한 생략하는 수가 많다.

예 1. Ship (was) labouring heavily. (선체는 심하게 동요 했다.)

예 2. Regulation bell (was) kept going. (규정된 호종이 계속 울렸었다.)

예 3. Sea (is) calm. (바다는 잔잔하다.)

3. 정관사(定冠詞, the)를 생략하는 수가 많다.

영문법 상으로는 바다·강·선박·섬·군도의 이름이나 천체명(天體名)과 방위(方位)에는 the를 붙여야 하나 일지에서는 생략한다.

예 1. (the) Atlantic Ocean(대서양)

예 2. (the) Thames(템즈강)

예 3. (the) West(서)

예 4. (the) Star(별)

예 5. (the) President Wilson(프레지던트 윌슨호)

다만, 선명(船名) 앞에는 흔히 S.S.(汽船)나 M.S.(機船)를 쓴다. 기타 통상적인 문장에는 당연히 정관사를 붙여야 할 곳도 선박사관(Officer)이 관습적으로 쓰고 있는 문구에는 때로 정관사를 생략한다.

예 1. Let go (the) port anchor. (좌현 닻을 투묘했다.)

예 2. Lowered (the) life boat. (구명정을 내렸다.)

이상의 정관사를 생략하는 일은 문장의 간소화(簡素化)를 목적으로 하여 관습적으로 이루어지고 있다.

4. 문장의 요점(要點)이 되는 문구 이외에는 생략하는 수가 있다.

No smoking is allowed. (흡연은 허락되지 않는다.)가 간소화되어 No smoking. (금연)이 되듯이 일지도 또한 같다.

예 1. S/B engine. (기관준비)→Rung stand by engine. (기관준비를 호령했다.)

예 2. Fine weather. (맑음)→We had fine weather.(날씨가 맑았다.)

예 3. Light breeze. (경풍, 輕風)→Light breeze was blowing. (경풍이 불고 있었다.)

5. 시제(時制)는 과거형(過去形)을 쓴다.

일지는 선박의 행동이나 상태와 바다의 상태 등을 기록하는 것이므로 「……하였다.」, 「……었다.」와 같은 과거형으로 쓴다.

예 1. Passed(Pass=통과하다) Maemuldo L't Ho. (매물도 등대를 항과했다.)

예 2. Dense fog set in. (짙은 안개가 끼었다.)-set in은 과거형과 현재형이 같다.

6. 약자(略字)와 기호(記號)를 사용한다.

   날자·요일·날씨 등 다음과 같이 약자나 기호를 사용한다.
   (부록 참조)

   예 1. A/co→Altered course. (변침했다)
   예 2. Com$^{\underline{ced}}$→Commenced(시작했다)
   예 3. S$^{\underline{s}}$→Shackles(절·節)
   예 4. ah'd→ahead(전진)
   예 5. &→and(그리고)
   예 6. ⚓→anchor(닻·錨)
   예 7. ⛯→light house(등대)

7. 항해용어(航海用語)를 사용한다.

   항해용어 중에는 선원사회에서만 널리 쓰이고 일반 영한사전 또는 한영사전에 전혀 찾아볼 수 없는 어구가 많다.

   예 1. unshackle from buoy(부표로부터 떠나다.)
   예 2. set course(정침〈定針〉하다.)
   예 3. batten down(배튼 다운하다.→창구를 캠버스로 덮고 받침을 대어 완전히 수밀로 하다.)
   예 4. make out(육지나 등대 등을 시인하다.)

8. 선박의 대명사(代名詞)는 she(그녀), her(그 여자를, 그 여자에게), her(그 여자의) , hers(그 여자의 것)이다.

   예 1. Pilot left her.(도선사가 본선을 떠났다.)
   예 2. Signalled her name.(선명을 신호했다.)

§2. 영문 항해일지 특징과 작성상의 주의 How to write

1. 영문의 기본문형(基本文型)을 완전히 이해할 것.

   영문의 기본문형에는 다음 5종이 있으며 그 중 제1,2 및 3 문형 3종이 일지에 많이 쓰인다.

제1믄형[주어 +동사]

(……은)$_1$(……한다.)$_2$

예. The ship proceeds.

1 2

(배가 나아간다.)

제2믄형 [주어+동사+보어]

(……은)$_1$(……이다)$_3$(……)$_2$

(……은)$_1$(……되다)3 (……하게)2

예. We are sailors.

1 3 2

(우리는 선원 이다.)

예. Sea became high.

1 3 2

(파도가 높아 졌다.)

제3문형 [주어+동사+목적어]

(……은)$_1$(……한다)$_3$(……을)2

예. I drop anchor.

1 3 2

(나는 닻을 내린다.)

제4문형 [주어+동사+간접 목적어+직접 목적어]

(……은)$_1$(……한다)$_4$(……에게)2 (……을)$_3$

예. Captain gave me an instruction.

1 4 2 3

(선장은 나에게 지시를 주었다.)

제5문형 [주어+동사+목적어+보어]

(……은)$_1$(…한다)$_4$(…을)$_2$(…하게, …함을)$_3$

예. We found the ship bottom clean.

1 4 2 3

(우리는 선저가 깨끗함을 알았다.)

예. Painted bridge white.

4 2 3

(선교를 희게 페인트칠했다.)

2. 가급적 쉬운 어구와 표현을 사용할 것.

3. 영문을 요령있고 간단하게 쓸 것.

일지는 문장이 간단하고 요점을 강력히 표현해야 하므로 다음 사항을 명심해야 한다.

(1) while, when, though, if, as if, 등의 다음에 오는 [주어+be 동사]를 생략한다. 다만 종속절(從屬節)의 주어와 주절(主節) 의 주어가 일치하는 경우에만 생략할 수 있음에 주의할 것.

예[ ]안을 생략한다.

While[we were] getting alongside the pier, [we] struck against a barge.

(잔교에 계류 중 바지와 충돌했다.)

(2) 종속절 대신 동명사(動名詞)나 분사(分詞) 또는 전치사(前置詞)를 사용하여 문장을 간략하게 만든다.

예. Weather being threatening, [we] postponed sailing.

(날씨가 험악했으므로 출항을 연기했다.)-As weather was threatening, we postponed sailing.의 간략형(현재분사 being을 사용)

예. Stopped cargo work owing to high sea preventing lighters from getting alongside.

(높은 파도로 인하여 접현하지 못했으므로 하역을 중지했다.)-Stopped cargo work because high sea prevented lighters from getting alongside.의 간략형(전치사구 owing to를 사용)

(3) 「그리고 ……했다.」는 분사구문(分詞構文)으로 한다.

예. Passed Taejongdae ⩯, signalling ship's name.

(태종대 등대를 통과했다. 그리고 선명을 신호했다)

(선명을 신호하면서 태종대 등대를 통과했다.)-Passed Taejongdae ⩯, & signalled ship's name. 의 간략형

(4) 특정한 문장에서는 요점이 되는 단어만으로 작성한다.

예. 제3장 §1의 4 참조

(5) 국문에 구애받지 않고 또한 그 뜻이 달라지지 않는 한 영문을 간단하게 작성한다.

예.「선내를 순검(巡檢)했으나 이상은 발견되지 않았다.」

Made rounds all over the ship, but found nothing unusual.로 써도 되나, 일지에서는 다음과 같이 더 간단히 작성한다. Rounds made, all well.

4. 구두점(句讀點)에 주의할 것.

The sailor says the fireman is a fool. 이 문장은 콤마(comma)의 위치에 따라 다음과 같은 두가지로 뜻이 달라진다.

(1) The sailor says, the fireman is a fool.

(갑판원은 그 기관원이 바보다 라고 말한다.)

(2) The sailor, says the fireman, is a fool.

(그 갑판원은 바보다 라고 기관원이 말한다.)

콤마 하나가 있고 없는 차이로 문장의 뜻이 전혀 달라지거나 문장이 성립되지 않는 경우도 있다.

예. Dense fog, stand by engine.

(농무〈濃霧〉, 기관준비를 호령했다.)

이것은 Dense fog set in & rung stand by engine.의 간략형인데 콤마가 없으면「농무가 기관준비를 호령했다.」란 뜻으로 된다.

5. 동사(動詞)의 불규칙 변화(不規則變化)에 주의할 것.

동사에는 현재(원형)·과거 및 과거분사의 3가지 변화가 있고 그 변화에는 규칙적인 것과 불규칙적인 것의 2가지가 있다. 전자를 규칙동사, 후자를 불규칙 동사라고 하며 초보자는 반드시 사전을 찾아보는 습관을 길러야 한다.

예 1. 규칙동사 : work→Worked→worked, arrive→arrived→arrived.

예 2. 불규칙 동사 : leave→left→left, set→set→set, know→knew→known

예 3. 「자음+y」로 끝나는 동사는 y를 i로 바꾸고 ed를 붙인다.
try→tried, study→studied, carry→carried

예 4. 「자음+단모음+자음」형인 동사와 2음절 이상의 단어로서 최후의 음절에 악센트(accent)가 있는 동사는 어미의 자음을 하나 더하고 ed를 붙인다.
stop→stopped, beg→begged, omit→omitted, occur→occured

6. 현재분사와 동명사를 만들 때에 예외를 주의할 것.

(1) [자음+단모음+자음]형의 동사는 어미의 자음을 하나 더하고 ing를 붙인다.

예. set→setting, stop→stopping

주의. grow는 ow가 장모음이므로 growing.

(2) 2음절 이상의 단어로서 최후의 음절에 악센트가 있을 경우에 는 어미의 자음자를 하나 더하고 ing를 붙인다.

예. begin→beginning, occur→occurring, omit→omitting

주의. revet+(re에 악센트)→reveting

(3) ie로 끝나는 동사는 ief를 y로 바꾸고 ing를 붙인다.

예. lie→lying, die→dying

7. 관사에 주의할 것.

(1) 부정관사(a 또는 an)

①「하나의」또는「어느」의 뜻

②「동일한」, 「같은」의 뜻

③「에 대하여」의 뜻

(2) 정관사(the)

① 그 명사가 이미 화제로 올랐다가 다시 나올 경우에는 the를 붙인다.

② 앞에 말한 문장에서 무엇을 가리키는지 추측할 수 있는 특정한

사물에 붙인다.

③ 당시의 주위사정으로부터 상대방이 쉽사리 추측할 수 있는 특정한 사물에 붙인다.

④ 다음에 이어지는 수식문구에 의하여 그것이라고 한정된 명사에 붙인다.

⑤ 바다·강·선박·신문·잡지·산맥·군도 등의 이름을 나타내는 고유명사에 붙인다.

⑥ 천체나 방위처럼 보통 유일한 사물의 명사에 붙인다.

⑦ 관용표현(慣用表現)의 경우 명사에 붙인다.

(3) 관사의 생략

① 칭호의 경우

② 동일한 가족의 것을 나타내는 경우

③ 관직이나 신분을 나타내는 단어가 보어로서 사용되는 경우

④ 공공건물이 그 본래의 목적에 사용되고 있는 경우

⑤ young & old와 같이 2개의 단어가 대조를 이루는 경우

⑥ 복수명사를 일반적으로 호칭하는 경우

⑦ 원칙적으로 고유명사, 특히 인명·지명·국명·산·호수·바다·곶의 이름)

8. 목적어로 되는 동명사와 부정사(不定詞)에 주의할 것.

(1) 목적어로서 동명사(~ing 형식)을 취하고 부정사(to+동사원형)을 써서는 안되는 동사.

예1. stop(그치다), finish(끝나다), go on(계속하다), keep on(계속하다), give up(그만두다), put off(연기하다), avoid(피하다),miss(놓치다) , escape(도망치다), enjoy(즐기다), mind(유의하다), help (도우다), fancy(…라 생각하다), postpone(연기하다)

예2. We stopped taking in fuel oil. (O)
We stopped to take in fuel oil. (X)
(우리는 연료유 적재하던 것을 중지했다.)

예3. Dock hands finished painting ship's side. (O)
Dock hands finished to paint ship's side. (X)
(조선소 공원은 현측에 페인트칠하는 것을 끝냈다.)

(2) 목적어로서 부정사를 취하고 동명사를 써서는 안되는 동사

예 1. agree(동의하다), try(시험하다), wish(바라다), want(원하다), hope(바라다), desire(바라다), determine(결심하다), hesitate(망설이다), forget(잊다), forbid(금지하다), advise(충고하다), choose (선택하다) , consent(승락하다) , care(조심하다), seek(찾다. 구하다), promise(약속하다), persuade(설득하다)

예 2. I tried to operate steering gear. (O)
I tried operating steering gear. (X)
(나는 조타장치를 운전하는 것을 시험해 보았다.)

예 3. Don't hesitate to stop engine. (O)
Don't hesitate stopping engine. (X)
(기관을 정지하는 것을 망설이지 말라.)

주의. 일지에 자주 쓰이는 start(시작하다), begin(시작 하다), continue(계속하다)는 동명사로서나 부정사로서 두루 목적어로 쓰인다.
started to load cargo=started loading cargo.
(하물을 적재하기 시작했다.)

제 4 장 항해일지 본란의 기사 기입법
How to make entries

§1. 주요 기사란의 기재항목
Entries in the principal column

1. 당직자 서명란(當直者署名欄) Watch-officer's signature

각 당직자가 자기 당직시간의 난에 서명한다. 정박 당직은 0800～0800의 1일교대가 보통이고, 서명은 당직 최후란인 0400~0800의 서명 란에만 한다.

2. 시각(時刻) Time

선내 사용시(船內使用時 : 보통 정박 중과 연안 항해 중에는 그 지방의 표준시를 사용하고, 원양 항해 중에는 지방시시〈地方視時〉또는 지방평시〈地方平時〉를 사용)에 의한 시간을 가리킨다. 본란의 맨 좌측 란에 1로부터 Noon(정오), 1로부터 M.N.(자정)까지 기록되어 있다. 여기서 1이란 선내시계의 0시로부터 1시까지의 동안을 가리킨다.

따라서 1시 10분에 Co를 N20°E에서 M250E로 변침한 경우에는 다음 예와 같이 1과 2사이에 사선을 긋고 그 위에 10을 쓰면 알기 쉽다. 이 때 Co.란에는 두 줄로 나란히 N20°E와 N25°E를 적는다. 항정의 난에도 1시 10분부터 2시까지의 항정을 적는다. 2시 00분에 N35°E로 변침했을 때에는 2와 3사이에 00을 쓴다.

예 1.

Watch	Hour	Distance	Comp. Co.
	1	16.0	N20°E
	10/2	5.5	N20°E
		11.0	N25°E
	00/3	16.5	N35°E
	4		
	5		

3. 항정(航程) Distance

로그(曳航測程儀)를 사용하고 있을 때에는 1당직 중의 항정을 각 시간으로 나누어 기입한다. 다만 당직 중 변침한 경우에는 그 당직 중 동일침로로 항주한 거리를 각 시간에 따라 나누어 쓴다. (예 1 참조)

로그를 사용하지 않을 때에는 실측(實測)한 속력을 각 시간마다 기입한다. 로그를 사용하기 전과 후 즉, 실측으로부터 로그, 로그로부터 실측으로 옮기는 시간은 로그에 의한 항정과 실측에 의한 항정으로 나누어진다.

예 2. 기사란이 다음과 같으면 본란을 아래와 같이 쓴다.

1040 , 오륙도 등대 NW 2′로 병항(並航), 이후 계속 침로

부정·측정의를 수납했음. 150′

Watch	Hour	Distance	Comp. Co.
	10	15.2	NE
	40/11	10.3	NE
		6.5	var.

항정은 0.1 또는 1/4마일을 단위로 하나 당직별로는 0.5 또는 I/2마일을 단위로 하여 noon to noon(정오로부터 정오까지) 및 port to

port(항구로부터 항구까지)는 1.0마일을 단위로 한다.

4. 침로(針路) Course

기준 나침의(基準羅針儀, Standard compass)에 의한 나침로(羅針路, Compass course)를 기입한다. 자이로 컴퍼스(Gyro compass)를 사용하는 선박에서는 자이로에 의한 진침로(眞針路, True course)를 ( )안에 기입한다.

출항의 경우 항구로부터 기정지점(起程地點 : 로그를 투입하여 본격적으로 정침〈定針, Set course〉하는 지점)까지는 부정(不定, various course, 'var')이라고 쓴다. 입항의 경우에는 착달지점(着達地點 : 귀항 중 로그를 수납하고 이후 침로를 수시로 바꾸게 되는 지점)으로부터 항구까지를 부정(var) 이라고 쓴다.

정침 또는 변침한 경우 또는 침로를 부정으로 한 경우에는 침로명(針路名)과 그 시각을 각각 기입해야 한다.

5. 자차(自差) Deviation or Dev.

각 침로에 대한 자차를 기입한다. 편동(偏東)은 E, 편서(偏西)는 W의 부호를 붙인다. +또는 -의 부호는 자차를 가감할 때에 틀리기 쉬우므로 피한다.

자차를 실측했을 때에는 붉은 잉크로 자차의 값과 부호를 기입한다. 그 관측이 태양에 의한 경우에는 ⊙표, 별에 의한 경우에는 *표를 부기하고 실측하지 않았을 때에는 자차표(自差表)의 값을 기입한다. 자이로 컴퍼스의 침로를 기입할 때에는 자차의 난에 자이로 에러(Gyro error)를 쓴다.

6. 풍압차(風壓差) Leeway or L.W.

점(點) 또는 도수(度數)로 나타내어 매시간 기입함이 원칙이다. 점의 경우 1/4점이 단위이고 풍압차의 부호 L(좌), R(우)는 선박의 침로와 풍향으로부터 판단되므로 기입할 필요가 없다.

현대의 기선에서는 풍압차가 거의 문제되지 않으며, 정확한 관측도 불가능하므로 보통은 Nil이 라고 쓴다.

7. 바람(風) Wind

진풍향(眞風向 , True wind direction), 진풍력(眞風力, True wind force)을 뷰포트 풍력 계급에 의하여 매시간 기입한다. 다만 정박 중 횡천 이외에는 일반적으로 4시간마다 기입하는 수가 많다. 항해 중에는 시풍향(視風向, Apparent wind direction)과 혼동되지 않게 특히 주의한다.

진풍향은 16방위로 나타내며 4방점(四方點 , Cardinal points)은 생략하지 말고 North, West와 같이 쓰며 기타는 NE, SSW와 같이 약기한다. 무풍(無風)일 때에는 풍향과 풍력의 두 난에 걸쳐 Calm이 기입한다.

풍향과 풍력은 변화하는 때가 많으므로 실제로는 그 1시간 동안의 가장 영향이 컸던 풍향·풍력을 기입하거나'부정', 평균적인 것 또는 NE∽NW라고 쓰고 기사 란에 그 상황을 기입한다.

8. 천후(天候) Weather or $\omega\frac{r}{..}$

매시간의 주된 천후 또는 평균적인 천후를 천기 약기호로 기입한다. 평상의 정박 중에는 4시간마다 그 동안의 평균적인 천후 또는 bc(갬)∽2(흐림)와 같이 쓴다.

9. 기압(氣壓)과 온도(温度), Barometer reading & Temperature 4시간마다의 기압·기온(氣温)·습구온도(濕球温度)·수온(水温) 등을 기입하며, 기압변화가 심할 경우에는 매시 또는 2시간마다 기입한다.

10. 파랑(波浪), Sea condition

항해 중 당직종료시의 관측을 파랑 계급표(波浪階級表)에 의하여 기입한다. 다만 이 난은 기재를 생략하거나 난 자체가 없는 수도 있다.

11. 매분 회전수(每分回轉數) , Revolution per minute

당직 종료 시에 기관실과 연락하여 평균 매분회전수를 기입한다.

12. 정오위치(正午位置)·직항침로(直項針路) 및 항정(航程) Noon position, Course made good & Distance made good.

매일 정오의 실측위치(實測位置, Observed position, Obs.) 또는 추측위치(推測位置, Position by Dead reckoning, D.R.) 및 전일의 정오(기정점 통과시가 전일의 정오 이후이면 그 시각)으로 부터 당일의 정오까지 직항침로와 항정을 기입한다. 선위(船位)는 경도와 위도의 분 단위 이하를 4사 5입하여 기입한다.

13. 해조류(海潮流), Current

전일 정오 또는 기정점 통과시로 부터 당일 정오까지의 해류의 유향과 유속(流向과 流速 , Current set & rate)을 기입한다. 연안항해 중에는 조류의 상황(예, 대한해협, 0230∼0630 동류, 최대유속 3노트)기입한다.

14. 편차(偏差), Variation

당일 정오의 편차를 기입한다. 연안 항해 중에는 사용해도로부터 편차를 구하면 되나, 대양항해 중은 최신의 등편차선도(等偏差線圖)에서 구해야 된다.

15. 연료(燃料)·청수(淸水) 및 보일러수, Fuel, Fresh water & Boiler water

청수와 연료는 전일 정오로부터 당일 정오까지의 1일 소비량(Daily consumption)과 탑재량(Quantity on board)을 물과 석탄은 톤 단위로, 기름은 킬로리터 단위로 기입한다.

16. 검측(檢測), Sounding

각 탱크와 빌지의 깊이를 아침과 저녁 2회 검측하여 결과를 기입한다.

17. 항해통계(航海統計) , Calculation data

다음 사항에 대하여 당일 또는 전일의 출항 시로부터 정오까지, 정오로부터 정오까지, 당일 또는 전일의 정오로부터 입항 시까지 및 항구로부터 항구까지 등을 왕항(往航)·복항(復航)·왕복항 별로 기입한다.

(1) 항해시간(航海時間), Hours under way

선박의 출항시각으로부터 입항시각까지의 시간 즉 정박 중 이외의 시간이다. 따라서 표박(漂泊)시간도 당연히 항해시간에 포함된다. 어선(漁船)의 조업시간(操業時間)도 항해시간에 포함되나 어선에서는 따로 조업시간란(操業時間欄)이 있다. 5분씩으로 구분한다. (제5장 참조)

(2) 항진시간(航進時間) 또는 항주시간(航走時間), Hours propelling or Propelling hours

출항시의'various engine' 의 상태(전진·후진·정지 등이 적당히 사용된다.)로부터'ahead' (전진)이 호령되고 그 이후'stop engine'(기관정지) 또는'astern' (후진)이 호령되지 않는 경우 그'ahead' 가 호령된 시각이 항진시간의 시작이다. 입항 시에는 여태껏'ahead' 로 항주하다가 처음의'stop engine' 또는'astern' 이 호령 된 시각이 항진시간의 종료이다. 이 시작과 종료의 시각은 붉은 잉크로「및」를 표시한다. 회사에 따라서는 출항시의'R/up engine' 으로부터 입항시의'S/B engine' 까지를 항진시간으로 하는 수가 있다. 항진시간의 시작과 종료 사이에서도 잠시 기관을 정지한 경우(예. 도선사의 승하선시)에는 그 시간을 항진시간에서 공제한다.

(3) 항주거리(航走距離), Distance run

로그에 의한 항주거리(Distance by log, Distance through the water)와 실측 항주거리(Distance by observation, Distance over the ground)로 나누어 쓰나, 로그를 사용하지 않는 경우에는 후자만 기입한다.

(4) 속력(速力), Speed

[항주거리 ÷ 항진시간 = 속력]이다. 여기에도 로그속력 (Speed by log)과 실측속력(Speed over the ground)이 있다.

(5) 매분 회전수와 평균실각(平均失脚) , R.P.M. & Average slip

기관부와 연락하여 기입한다.

18. 묘위(錨位) , Anchor bearings

묘박(錨泊)했을 때에는 묘위·수심(水深)·저질(底質) 및 닻줄 길이를 기입한다. 묘위는 가장 현저한 물표(物標)를 골라 그 진방위, 거리 또는 3물표 이상의 교차방위(交叉方位)로 나타낸다.

예 1. ⚓ , 부산 방파제 ⌂ , 180°3′5, 12^m , 펄, 좌 6절

(Busan B.W. ⌂, 〈180〉 3′5 , 12^m, m, port 6 S$\frac{s}{\cdot\cdot}$)

예 2. ⚓ OO산 〈345^m〉 N30°E, △△산 〈1,000^m〉 N20°W, ××

⌂, East, 모래, 우10절(M⁺ 00 〈345^m〉 N30°E, Mt△△

〈1,000^m〉 N20°W, ×× ⌂ East, sand, star'd 10S$\frac{s}{\cdot\cdot}$)

19. 선내시계(船內時計) , Ship's clock

선내사용시(船內使用時)를 기입한다. 시시(視時)이면 S.A.T., 한국표준시(韓國標準時)이면 K.S.T.라고 쓴다.

전일 정오로부터 당일 정오까지의 시각 개정량(時刻改正量)은 시계를 빠르게 한 경우 Back를 지우고 늦추었을 경우에는 Ah'd를 지우고 기입한다.

Ship's clock	S.A.T.
Ah , d	0h—30M
For	163—20E
Diff. for K.S.T.	+2h00m

시계의 사용경도는 For의 난, Diff, for K.S.T.의 난에는 사용시와 K.S.T.와의 시간차를 기입한다.

20. 일출몰(日出沒), Sun rise & sun set

선내 사용시에 의한 상용 일출몰시(常用日出沒時)를 기입한다.

21. 월령(月齡)과 월출몰(月出沒), Moon age, & Moon rise & Moon set

월령과 선내 사용시에 의한 상용 월출몰시(常用月出沒時)를 기입한다.

22. 조석(潮夕) , Tide

선내 사용시에 의한 고조시(高潮時)와 지조시(地潮時)를 기입한다.

23. 흘수(吃水) , Draft

정박 중은 조석 2회 및 출입항시의 흘수를 측정하여 기입한다.

아침 흘수………M.D.(Morning Draft)

저녁 흘수………E.D.(Evening Draft)

출항시 흘수……L.D.(Leaving Draft)

입항시 흘수……A.D.(Arrival Draft)

24. 화물(货物)과 어획물(漁獲物)의 적재와 양륙, Loading, dis charging of cargo or fish

그 항구에서 적재했거나 양륙한 화물의 톤수 또는 개수를 기입 한다. 어선은 그 날 또는 그 어장(漁場)에서의 어획물의 종류와 수량을 기입한다. 항구에서 양륙한 경우에는 그 수량 과 종류를 기입한다.

25. 선객(船客)과 우편물(郵便物) , Passenger & Mail

선객의 승하선한 인원수와 우편물의 적재량 또는 양하량을 기입 한다.

§2. 비고란의 기재항목
Entries in the remark column

1. 묘박과 출항의 상세
2. 주기(主機)의 모든 작동(作動)
3. 사용한 돛(帆)의 종류와 작동
4. 기점(基點)이 되는 장소의 항과시각(航過時刻)·거리 및 방위
5. 변침시각·장소 및 측정의의 시도(示度)
6. 주요 갑각(岬角) 등의 항과시각·방위·거리 및 측정의의 시도
7. 날씨·파랑 및 선체동요(船體動搖) 등에 관한 개요
8. 4시간마다의 측정의 시도
9. 발신(發信)한 신호
10. 검측한 수심과 당시 측정의의 시도
11. 해상에서 만난 선박명
12. 항내묘지·사용 닻줄 및 수심
13. 연료와 청수의 탑재시각·양 및 상세
14. 선내작업 의 주요기사
15. 선내시계의 개정량
16. 도선사(導船士)의 승하선 시각·장소 및 성명
17. 사용예선(曳船)의 수·명칭 및 사용방법
18. 승무원과 승객에 대한 부서조련(部署操練)의 실시 및 선장의 점검
19. 재고품(在庫品) 등의 결손·파손 및 손상
20. 선체(船體)와 속구(屬具)에 대한 개수(改修) 및 개시와 종료의 일시.
21. 선식(船飾)·만선식(滿船飾) 또는 반기(半旗)를 게양한 일시와 이유

22. 충돌(衝突)·좌초(座礁)·기타 사고의 상세
23. 선장의 교대(交代)·해원의 승급(昇級)·감봉(減棒)·착임(着任)과 하선(下船)
24. 승무원의 사망, 기타 중대한 사고
25. 예정항로(豫定航路)와 기항지(寄港地)의 변경
26. 인명 또는 선박의 구조에 관한 상세
27. 검사관(檢査官) 등에 의한 검사내용
28. 야간 법정등화(法定燈火)

상기 사항 이외에도 중요하다고 생각되는 사항은 가급적 모두 기재해야 한다. 기재사항은 많을수록 좋으며 공백(空白)은 적을수록 좋다.

기재사항의 맨 처음에는 반드시 시각을 기입한다. 시각은 분단위로 4숫자를 기입한다. 오전 1시 32분은 0132 , 오후 3시 15분은 1515와 같으며, 정오와 자정만은 각각 Noon 및 M.N.이라고 쓴다.

제 2편 항해일지 기입법
How to make entries

제 1장 출입항에 관한 사항
Leaving & entering port

[기입해야 할 사항]

1. 출항준비 및 입항준비(보통 생략한다.)
2. 발착시각(發着時刻) 및 항명(港名)
3. 닻의 사용상황
4. 계류색(繫留索)의 사용상황
5. 기관의 사용상황
6. 예인선(曳引船)의 사용상황
7. 도선사(導船士)에 관한 일
8. 세관(稅關)·검역(檢疫)·이민검사(移民檢査)에 관한 일
9. 묘박지(錨泊地)의 지정·전계(轉繫) 및 전묘(轉錨)
10. 항로표지(航路標識)·방파제 등의 항과(航過)

이상의 기사는 항해일지 기사란 중에서 가장 중요한 사항이며. S/B 당시 3등 항해사가 선교에서 메모 노트에 기록한다. 이 노트를 스탠바이 북(stand-by book)이라고 하며 이 기록을 정리 하여 일지에 기입한다.

§1. 출항준비와 입항준비
Preparation for leaving & entering

출항준비	S/B for leaving port
입항준비	S/B for entering port
출항준비를 하다.	prepare for sea

총원 출항부서에 배치하다.	station all hands for leaving port
총원 입항부서에 배치하다.	station all hands for entering port
출항을 연기하다.	postpone sailing

1. 출항준비(出航準備)
2. 갑판원 출항준비에 종사했다.
3. 갑판원 출항준비에 종사했다.
4. 갑판원 출항준비에 종사했다.
5. 갑판원 출항준비에 종사했다.
6. 갑판원 출항준비에 종사했다.
7. 갑판원 출항준비에 종사했다.
8. 총원(總員)을 출항부서(出港部署)에 배치했다.
9. 출항부서를 해제했다.
10. 입항준비(入港準備)
11. 총원을 입항부서에 배치했다.
12. 선창(船倉)내와 갑판상의 이동물(移動物)을 고박했다.
13. 모든 해치(創口)를 닫고 고박했다.
14. 현측개구(舷側開口)를 닫고 출항준비를 했다.
15. 모든 데릭 붐과 기타 용구(用具)를 고정하고 모든 해치를 고박했다.
16. 수밀문(水密門)을 닫고 구명정(救命艇)을 고박하여 황천에 대비했다.
17. 날씨가 험악해졌으므로 출항을 연기했다.
18. 날씨가 험악해졌으므로 출항을 연기했다.
19. 조타장치(操舵裝置)·텔리그래프·기적(汽笛)을 시험하고 자이로컴퍼스와 선내시계를 점검했던바 모두 양호한 상태였다.
20. 출항흘수(出港吃水) 전부 : 3.^{m}75 후부 : 6.^{m} 30

전승무원·총원	all crew
갑판원	hands
총원·전승무원	all hands
고박(固縛)하다.	lash, tie, bind, buckle
고정(固定)하다.	secure, batten, make sure

1. S/B(Stand by) for leaving port.
2. Hand employed preparing ship for sea.
3. Hand preparing ship for sea.
4. Hand employed in preparation for sea.
5. Getting all ready for sea.
6. Getting ship ready for sea.
7. Preparing ship for sea.
8. Stationed all hands for leaving port.
9. Dismissed station for leaving.
10. S/B entering port.
11. Stationed all hands for entering port.
12. Lashed up everything movable in holds & on decks.
13. Secured all hatches & battened them down.
14. Secured all outside openings & prepared for sea.
15. Secured all derrick booms & other fittings, then battened all hatches down.
16. Secured watertight doors & lashed up lifeboats for heavy weather.
17. Weather becoming threatening, postponed sailing.
18. As weather became threatening, postponed sailing.
19. Tested steering gear, telegraph & whistle, checked gyro compass & ship's clocks & all was in good condition.
20. Leaving draft(Sailing draft, Draft on departure) F : $3.^{m}$

21. 입항흘수(入德吃水) 전부 : 3.m20 후부 : 6.m10
22. 전승무원 귀선(歸船)하고 육상인원 전부가 하선(下船) 했다.

§2. 닻의 사용

[단묘박(單錨泊)의 경우에 기입해야 할 사항]

1. 투묘(投錨)한 시각과 그 닻의 좌우별 } 도착시간
2. 닻줄 소요량을 풀어낸(Brought up) 시각 } 도착시간
3. 기묘(起錨)한 시각 : 출발시각

A. 출항시의 닻 사용

닻줄의 꼬임을 풀다.	clear hawse
닻을 감아 들이다.	heave in anchor ⚓
닻을 감아올리다.	heave up ⚓, pick up ⚓, weigh ⚓
닻줄을 ∼절까지 감아 조이다.	heave short chain cable to ∼shackles

1. 닻줄의 꼬임을 풀고 좌현 닻줄을 감아 들였다.
2. 우현 닻줄 3절(섀클)까지 감아 들였다.
3. 좌현 닻줄 2절까지 감아 조이고 닻줄에 꼬임을 풀었다.
4. 좌현 닻을 감아올리고 우현 닻줄을 45패덤까지 감아 들였다.
5. 우현 닻을 감아올렸다가 본선의 로프에 걸렸다.
6. 양묘(揚錨)를 시작했다. (쌍묘박의 경우)
7. 양묘를 시작했다. (단묘박의 경우)
8. 양묘했다. 전진미속 후 기관을 여러가지로 사용, 군산을 향하여 목포를 떠났다.
9. 양묘하고 도선사의 안내에 따라 강을 내려갔다.
   75, A : 6.m30

21. Arrival draft F : $3.^{m}20$, A : $6.^{m}10$
22. All crew returned aboard all shore people left her.

§2. Use of anchor

[쌍묘박(雙錨泊)의 경우에 기입해야 할 사항]

1. 제1묘와 제2묘를 투묘한 시각과 그 닻의 좌우별
2. 닻줄 소요량을 풀어 낸 시각
3. 제1묘와 제2묘가 기묘한 시각과 그 닻의 좌우별

B. 입항시의 닻 사용

투묘하다.	let go ⚓, drop ⚓, cast ⚓
닻줄 ~절로 계지했다.	brought up with ~shackles of cable
수심 ~m의 곳에 닻줄을 풀어주다.	in~meters of water pay(veer) out chain cable.
쌍묘박하다.	moor

1. Cleared hawse & hove in port anchor.
2. Hove in starboard cables to 3 shackles.
3. Hove short port cable to two shackles & cleared hawse.
4. Picked up port ⚓ & hove in star'd cables to 45 fathoms.
5. Hove up star'd ⚓ hung on ship's rope.
6. Started(Commenced) unmooring.
7. Started(Commenced) to heave up ⚓.
8. Weighed ⚓ (⚓ up), Slow ahead & various engine, Left Mokpo to Gunsan.
9. Picked up ⚓ & proceeded down the river under pilot's. direction.

10. 검역묘지(檢疫錨地)에 투묘했다.
11. 좌현 닻을 투묘하고 닻줄 3절로 계지(繫止)했다.
12. 인천항 난바다 수심 15미터에서 우현 닻을 투묘하고 닻줄 4절로 계지했다.
13. 묵호 항외 수심 20미터에서 닻줄 3절로 묘박했다.
14. 묘박지에 도착하여 좌현 닻과 45패덤의 닻줄로 묘박했다.
15. 닻을 투하하고 좌현 닻줄을 3절 풀어내었다.
16. 좌현 닻줄 4절과 우현 닻줄 5절로 계지했다.
17. 양현 닻줄 2절로 쌍묘박했다.
18. 수심 25미터에서 양현 닻줄 3절로 쌍묘박했다.
19. 도선사 김씨가 승선하고 지휘했다.
20. 양묘하고 도선사의 지휘아래 마닐라를 향하여 부산을 떠났다.

§3. 계류색의 사용

[기입해야 합 사항]

1. 최초의 계류색이 안벽(岸壁) 또는 부표(浮標)에 도달한 시각 (도착시각)
2. 계류작업을 완료한 시각(도착시각)
3. 최후의 계류색이 안벽 또는 부표를 떠난 시각(출발시각)

A. 출항시의 계류색 사용

계류색	mooring line(rope)
선수 계류색	bow line
선미 계류색	stern line
육상으로 보내는 계류색	shore line, shore-fast
계류색을 싱글 업하다.	single up lines
계류색을 던지다.	let go rope, cast off line

10. Let go at quarantine station.
11. Cast port ⚓ & brought up with three shackles of cable.
12. Let go star'd ⚓ in 15 meters of water off Incheon & brought up with 4 shackles of cable.
13. Anchored (⚓ed) at Mukho outer harbour with 3 shackles of chain in 20 meters of water.
14. Arrived at anchorage & anchored with port ⚓ & 45 f'ms (fathoms) of cable.
15. Dropped ⚓ & paid(veered) out port chain to 3 shackles.
16. Brought up with 4 shackles of port cable & 5 shackles of star'd cable.
17. Moored with 2 shackles of cable on each ⚓.
18. Moored in 25 meters of water with 3 shackles of cable on both sides(both anchors).
19. Pilot, Captain Kim boarded & took his charge.
20. Hove up ⚓ & left Busan for Manila in charge of pilot.

§3. Use of mooring lines

A. 입항시의 계류색 사용

계류색을 ~로 보내다.	send out mooring rope to~
~에 본선을 계류하다.	make her fast to~
~에 접현(接舷)하다.	place(moor, put) alongside~
부표에 섀클로 연결하다.	shackle to buoy
용묘회두(用錨回頭)	dragging round
용선회두(用船回頭)	swinging round

부이 로프를 보내다.	let go buoy rope
부표로부터 닻줄을 풀다.	unshackle cable from buoy

1. 계류색을 싱글 업하여 출항준비를 했다.
2. 계류색을 풀었다. 홍콩을 향하여 마산을 출항했다.
3. 안벽에서 줄을 풀고 도쿄를 향하여 제주를 떠났다.
4. 계류색을 풀었다. 기관 전진미속·도선사 지휘 아래 필요에 따라 여러가지로 기관을 사용하고 항외로 나아갔다.
5. 계류색을 풀었다. 우현선미에 있는 예인선의 원조로 부두를 안전하게 떠났다.
6. 부표로부터 닻줄을 풀고 슬립 로프를 꿰었다.
7. 부이 로프를 풀고 기관 후진미속하여 여러가지로 기관과 키를 사용하면서 항외로 향했다.
8. 1호 부이 로프를 풀고 로스엔젤레스를 향하여 울산을 출항했다.
9. 2호 부표에 계류했다.
10. 계류색을 부두로 보냈다.
11. 1호 부표로 와서 부이 로프를 보냈다.
12. 선수미 계류색을 육상으로 보내고 본선을 부두로 끌어당기기 시작했다.
13. 제1부두에 본선의 좌현측을 계류했다.
14. 선수미를 안벽에 계류했다. 부산 도착. 기관종료.
15. 모선(母船) 고려호에 우현측을 접현했다.
16. 좌현 닻줄로 1호 부표에 계류했다.
17. 3호 부표에 계류했다. 인천 도착.

§4. 기관의 사용

[입항당시에 기입해야 할 사항]

1. 기관준비(S/B engine)의 시각

~에 계류하다.	shackle on~

1. Singled up shore lines & prepared for sea.
2. Let go shore line, Left Masan for Hongkong.
3. Cast off wharf & left Jeju for Tokyo.
4. Cast off lines, Slow ahead engine. Proceeded to sea under pilot's order, using engine var'ly(variously) as required.
5. Cast off lines & got clear of wharf, assisted by tug boat on star'd quarter.
6. Unshackled the cable from the buoy & reeved slip rope.
7. Cast off(Let go) buoy rope & half astern engine & proceeded to sea, manoeuvering engine & helm var'ly.
8. Let go No.1 buoy rope & left Ulsan for Los Angeles.
9. Shackled on No.2 Buoy.
10. Sent out mooring rope to the pier.
11. Came along No.1 Buoy & sent buoy rope to it.
12. Sent bow & stern lines ashore & commenced hauling her alongside pier.
13. Made her fast port side to No.1 pier.
14. Made her fast fore & aft to the quay. Arrived at Busan & finished with engine.
15. Got her alongside star'd side to mother ship, Korea-ho.
16. Made her fast to No.1 Buoy with port cable.
17. Shackled to No. 3 Buoy, Arrived at Incheon.

§4. Engine motion

2. 각종 감속(전속으로부터 반속 또는 미속, 반속으로부터 미속 등)의 시각

3. 최초의 정지 또는 후진의 시각과 운전의 종류(보통 이 시각이 항진시간〈Propelling hour〉의 끝이다.)
4. 최후의 정지시각
5. 기관 사용종료(Finished with engine 또는 Ring off engine)의 시각

(주) 항진시간에 관한 사항은 제1편, 제4장. §1 주요기사란의 기재항목 중 17의 (2)를 참조할 것.

[출항당시에 기입해야 할 사항]

1. 기관준비의 시각
2. 최초로 기관을 사용한 시각과 운전의 종류(이 시각으로부터 기관일지의 기계 사용시간이 시작된다.)
3. 기관(양현기〈兩舷機〉의 경우에는 양쪽 모두)이 전진만으로 옮겨진 시각과 운전의 종류(예, 0932 전진미속→이것은 0932에 전진미속으로 하여 정지 또는 후진이 없었으며 그 이전에는 전후진·정지 등 여러가지가 있었다. 즉 이 시각이 항진시간의 시작이다.)
4. 전진전속(양현기의 경우에는 양쪽 모두)이 된 시각.
5. 원속계속(原速繼續, Ring up engine)의 시각.

[주] 1. 입항의 경우 최초의 정지 또는 후퇴의 시각으로부터 최후의 기관정지까지, 출항의 경우에는 최초의 기관사용시 로부터 기관이 전진만으로 옮겨진 시각까지 사용한 여러가지 운전 기록은 생략하고 slow ahead & various 또는 slow ahead & various engine 과 같이 처리한다.

2. 입항의 경우에 각종 감속 이후 및 출항의 경우에는 전진만으로 옮겨진 시각으로부터 전진·미속·반속·전속 등을교호로 빈번히 사용했을 경우에는 and various ahead로 처리한다.

3. 항진시간이 시작된 시각은『 , 끝난 시각은』로 표시하고 붉은

색을 사용한다.

4. 항진시간의 시작과 종료의 시각(분)은 보통 3또는 6의 배수로 한다. 즉 항진시간의 분을 시간으로 환산할 때 편리하다.

[참고사항]

1. 기관준비(機關準備) S/B engine(eng)
   전진미속(前進微速) Slow[speed] ahead
   전진반속(前進半速) Half[speed] ahead
   전진전속(前進全速) Full[speed] ahead
   후진미속(後進微速) Slow[speed] astern
   후진반속(後進半速) Half[speed] astern
   후진전속(後進全速) Full[speed] astern
   우(右) 전진미속 Starboard eng. slow ah'd
   양현 후진반속 Both engines half astern
2. Ring(Rung) up engine……출항시 various eng으로부터 항해 계속의 목적으로 전진만으로 옮겼다가 전진전속(原速)으로 된다. 이어 기관실의 S/B를 해제하고 원속을 그대로 유지하게된 경우에 선장이 호령한다.

   Ring(Rung) off engine……입항시에 투묘 또는 가박(假泊) 했다가 다음의 전계(轉繫) 또는 전묘(轉錨)까지 대기하는 경우 일시 기관준비를 해제할 때의 호령이다.

   Finish(Finished) with engine……입항시 최종적으로 투묘 또는 계류가 끝나고 완전히 기관사용이 끝났고 출항시까지 기관을 사용하지 않을 때에 호령한다.
3. 기관정지(stop engine)가 항해 중 호령된 경우 과거형을 써서 stopped engine으로 쓴다.

기관을 미속으로 하다.	slow(ease) down engine
기관을 미속으로 하다.	put engine slow speed
기관을 시운전(試運轉)하다.	try out engine
난기(暖機)하다.	warm up engine
기관이 고장나다.	engine gets out of order,

1. 케이프타운을 향하여 봄베이를 출항했다. 전진미속후 기관을 여러가지로 사용했다.
2. 후진반속 이후 기관을 여러가지로 사용했다.
3. 전진반속 이후 기관전진을 여러가지로 사용했다.
4. 방파제(防波堤)끝 등대를 항과했다. 전진전속.
5. 원속(原速)계속
6. 기관정지·전진미속·전진반속.
7. 전진전속·원속계속·부서를 해제했다.
8. 제1항로(航路) 입구를 항과했다. 전진전속.
9. 기관준비. 미속으로 감속.
10. 전진미속 이후 기관전진 여러가지로 사용했다.
11. 기관정지 이후 필요에 따라 기관을 여러가지로 사용했다.
12. 기관정지 마산 도착. 기관사용 종료.
13. 기관사의 요구에 따라 기관을 미속으로 했다.
14. 기관사의 요구에 따라 기관을 정지했다.
15. 상동
16. 상동
17. 조타기(操舵機)를 수리하기 위하여 기관을 정지했다.
18. 상동
19. 선박교통이 폭주하였으므로 기관을 정지했다.
20. 기관사용 종료. 부서를 해제했다.

	goes wrong.
기관을 복구(復舊)하다.	engine recovers
기관을 후진으로 회전하다.	engine works ahead
기관을 전진으로 회전하다.	engine works astern

1. Left Bombay for Cape Town. Slow ahead & various engine(var. eng).
2. Slow astern & [then]used eng. var'ly.
3. Half speed ahead & then used eng. ahead var'ly.
4. Cleared B/W(breakwater) end L't Ho, Full ahead.
5. Rung up engine.
6. Stopped engine. Slow then half ah'd.
7. Full ah'd eng. R/up eng, & dismissed the station
8. Cleared out No.1 Fairway Entrance. F/H.
9. S/B eng. Slow down.
10. Slow down eng. & then used eng. ah'd var'ly.
11. Stop eng. & then used eng. var'ly as required.
12. Stop eng. Arrived at Masan & F/W eng.
13. Slowed(Eased) down eng. for engineer's purpose.
14. Stopped eng. for engineer's purpose.
15. Stopped eng. for engineer's request.
16. Stopped eng. for engineer's sake.
17. Stopped eng. for [the purpose of] repairing steering gear.
18. Stopped eng. to repair steering eng.
19. Stopped eng. owing to confused traffic.
20. F/W eng. & dismissed the station.

§5. 예인선의 사용

[기입해야 합 사항]

1. 예인선의 선명
2. 예색(曳索)을 맨 장소(선수·선미·우현·좌현 등)
3. 예인선을 사용한 방법과 시각
4. 예인선을 떼어낸 시각

예인선을 동반하다.	take tug
예항(曳航)하다.	take in tow
현측(舷側)예항을 하다.	tow alongside
예선(曳船)하다. 배를 끌다.	tow a ship, have a ship in tow
예인선에 예항되어	in tow of tug, under tug, being towed by tug

1. 예인선'장미호'를 선수에 그리고'나리호'를 선미에 동반했다.
2. 예인선'갈매기호'를 좌현 선미에 동반했다.
3. 상동
4. 예인선'무궁화'호가 착현하고 좌현 중앙에 계지했다.
5. 또 하나의 예인선'제비호'가 좌현에 계지했다.
6. 2척의 예인선'나비호'와'잠자리호'가 본선에 조력했다.
7. 예인선'비둘기호'가 우현 선수를 밀어붙였다.
8. 예인선에 예항되어 묘박지로 나아갔다.
9. 예인선의 도움으로 정박장소인 3호 부표로 나아갔다.
10. 예인선을 떼어내었다.

§5. Use of tug boat

예인선에 원조되어(되면서)	(being) assisted by tug, with tug assistance
예인선을 떼어내다	let go tow(tug), cast off tow(tug)
밀어 붙이다.	give her push
착현(着舷)하다.	come alongside
본선을 조력하다.	attend he

1. Took tug'Jangmi-ho' bow &'Nari-ho' on aft.
2. Took tug'Galmaegi-ho'on port quarter.
3. Tug'Galmaegi-ho' made her fast on our port quarter.
4. Tug'Mugungwha-ho' came alongside & made fast on portside midship.
5. Another tug'Jebi-ho' made fast on portside.
6. Two tugs'Nabi-ho' &'Jamjari-ho' attended her.
7. Tug'Bidulgi-ho' gave her push on star'd bow.
8. Proceeded to her berth under tow.
9. Proceeded to her berth, No.3 Buoy, assisted by tug.
10. Let go tug. Cast off tug.

§6. 도선사

[기입해야 할 사항]

1. 도선사의 성명
2. 도선사의 승하선 시각
3. 도선사 승하선시의 선위(船位)

연안(沿岸) 도선사	coasting pilot
외해(外海) 도선사	sea pilot
항만(港灣) 도선사	harbour pilor
하천(河川) 도선사	river pilot
운하(運河) 도선사	canal pilot
도크 도선사	docking pilot
도선사를 승선시키다.	enbark pilot, pick up pilot. receive pilot on board
도선사를 태우다.	take pilot

1. 기관을 정지하고 도선사를 기다렸다.
2. 조도 난바다에서 도선사를 태우기 위해 정지했다.
3. 오륙도 등대를 북 2해리로 위치하여 도선사 김씨가 승선했다.
4. 도선사 이씨가 승선했다. 전진전속·항내로 진행했다.
5. 월미도 등대를 우현 2′로 병항하고 도선사 양씨가 승선했다.
6. 도선사를 승선시키고 전속으로 했다.
7. 도선사 홍씨를 승선시키고 도선사 지휘 아래 전진전속으로 진행했다.
8. 계류색을 걷어들이고 도선사 지휘 아래 항외로 향했다.
9. 태종대 등대 난바다에서 도선사가 하선했다.

§6. Pilot

도선사를 고용하다.	engage pilot
도선사를 하선시키다.	drop pilot, discharge pilot
도선사가 승선하다.	pilot comes on board, arrives on board
도선사가 하선하다.	pilot leaves ship
도선사를 원하는 신호를 하다.	make a signal for a pilot
도선사를 기다리다.	wait for a pilot

1. Stopped eng. & wait for pilot.
2. Stopped her off Jodo for pilot.
3. Oryukdo L't Ho bore north 1′off, Mr. Kim, Pilot, boarded.
4. Mr. Rhee, Pilot, came on board. F/H & proceeded into port.
5. Wolmido L.H. ab'm star'd side 2′off. Mr. Yang, pilot, arrived on board.
6. Picked up pilot & set full.
7. Embarked Mr. Hong, pilot, & proceeded at full speed ahead under his charge.
8. Let go lines & proceeded to sea under pilot's order.
9. Pilot left her off Taejongdae L.H.

10. 도선사를 내리고 항외로 진행했다.
11. 도선사 김씨가 승선하여 지휘했다.
12. 상동
13. 상동
14. 기관정지. 속초 등대 밖에서 도선사를 대기했다.
15. 양묘하고 도선사 지휘 아래 강을 내려갔다.
16. 부산항 1호 입구 등부표(入口灯浮標)를 좌현으로 보고 항과·도선사 하선하고 외해로 진행했다.

§7. 세관 · 검역 및 이민검사

[기입해야 할 사항]

1. 세관관리(稅關官吏)·검역관(檢疫官)·이민검사관(移民檢査官)의 승하선 시각
2. 검역의 결과

검역 묘박지	quarantine station(ground)
검역관	quarantine officer
교통 허가증(交通許可證)	pratique
건전증서(健全證書)	Bill of Health. B.H.
검사에 합격하다.	pass the inspection
B.H.를 교부받다.	get B.H., be granted B.H.
세관검사	customs inspection
세관관리	customs officer
이민검사	immigration inspection

1. 검역묘지(檢疫錨地)에 투묘하고 검역관을 대기했다.
2. 검역관 승선하여 선객과 승무원을 검열했다.

10. Discharge pilot & proceeded to sea.
11. Pilot, Mr. Kim came on board & took charge.
12. Pilot, Capt. Kim boarded & took charge.
13. Pilot, Capt. Kim embarked & took charge.
14. Stopped her & waited for the pilot off Sokecho L.H.
15. Hove up ⚓ & proceeded down the river under pilot's order.
16. Passed Busan No.1 Entrance Buoy on her port side & discharged the pilot then proceeded to sea.

§7. Customs, Quarantine & Immigration inspections

발진(發疹) 티푸스	Eruptive typhus
콜레라(虎列刺)	Cholera
천연두(天然痘)	Smallpox, Chicken pox
성홍열(猩紅熱)	Scarlet fever
황열병(黃熱病)	Yellow fever
페스트(黑死病)	Plague
장티푸스(腸室扶斯)	Typhoid
유행성 감기(流行性感氣)	Epidemic influenza
디프테리아(痲脾風)	Diphtheria

1. Anchored a quarantine station(ground) & waited for quarantine officer.
2. Quarantine officers came on board & inspected passengers & crew.

3. 검역검사에 합격하여 교통 허가증을 받았다.
4. 검역이 끝나고 3명의 콜레라 환자가 발견되어 선내에서 격리되었다.
5. 4명의 트라코마(트라홈) 선객은 상륙이 거절되었다.
6. 검역관 하선
7. 세관관리와 이민 검사관이 승선하여 각각 검사했다.
8. 상기 검사가 종료되고 각 관리는 하선했다.
9. 선내를 모두 서치했으나 아무것도 발견되지 않았다.
10. 교통 허가증을 교부받고 양묘하여 묘박지로 향했다.

§8. 묘박지 지정 · 전계 및 전묘

묘박지 지정서(指定書)	berth order
묘박지를 지정받다.	get assignment of berth, get berth order

1. 항무관(港務官) 승선하고 묘박지 지정서를 받았다.
2. 중앙부두에 계류하도록 지정받았다.
3. 양묘하고 좀더 육지부근으로 전묘하기 시작했다.
4. 계류색을 풀고 전계를 시작했다.
5. 제2부두에 우현측을 계류하고 전계를 종료했다.
6. 양묘하고 좀 더 남쪽으로 진행했다.
7. 15미터 수심의 지점에 2절의 닻줄로 다시 묘박했다.
8. 예인선'진주호'에 끌려 지정된 묘박지로 진행했다.
9. 계류색을 감고 본선을 안벽의 구석쪽으로 전계했다.

3. Passed quarantine inspection & got pratique.
4. Finished quarantine & three cholera patients [were] found & isolated on board.
5. Four trachoma passengers[were] refushed to land.
6. Quarantine officers left ship.
7. Customs officer & immigration officer came on board & inspected respectively.
8. Finished above inspection & each officer left ship.
9. Searched all over the ship & found none.
10. Pratique granted. Weighed anchor & proceeded to her berth.

§8. Assignment of berth, shifting anchorage

전계	shifting
전묘	shifting, shifting anchorage
전계하다. 전묘하다.	shift

1. Harbor officer boarded & granted berth order.
2. Got the assignment to go alongside Central pier.
3. Hove up anchor & commenced shifting[her] closer to shore.
4. Let go shore line & commenced shifting.
5. Made her fast to No.2 pier on her star'd side & finished shifting.
6. Hove up anchor & proceeded a little to southward.
7. Anchored again in 15 meters of water with 2 shackles of cable.
8. Being towed by tug'Jinju-ho', proceeded to appointed anchorage.
9. Shifted her further up wharf, warping mooring rope.

§9. 항로표지 · 방파제 등의 항과

1. 제1항로 입구를 무사통과
2. 항로를 통과했다.
3. 방파제 끝을 통과했다.
4. 상동
5. 항내 입구부표를 통과했다.
6. 1호 입구부표를 본선 좌현으로 항과했다.
7. 등선(燈船)을 우현 2케이블로 항과했다.

제 2장 항해 중에 관한 사항

[기입해야 할 사항]

1. 침로(針路)에 관한 것.
2. 측정의(測程儀)에 관한 것.
3. 선위(船位)결정에 적당한 물표(物標)의 항과와 초인(初認)
4. 측심(測深) 실시에 관한 것.
5. 무중신호(霧中信號) 실시에 관한 것
6. 바람·날씨 및 해면상태
7. 선체동요(船體動搖)·해수침입(海水侵入) 상황

§9. Passing navigational aids, B. W., etc.

1. Cleared out No.1 Fairway Entrance.
2. Cleared passage.
3. Cleared breakwater end.
4. Passed clear of B.W. end.
5. Passed harbor entrance buoy.
6. Passed No.1 Entrance Buoy on her port side.
7. Passed light vessel on her starboard side 2 cables off.

PART 2. Matters on Voyage

8. 선내 사용시(船內使用時)의 개정
9. 적도(赤道)·일부 변경선(日附變更線)의 통과
10. 타선(他船)의 항과
11. 신호(信號)실시
12. 부서훈련(部署訓練) 실시
13. 천측(天測)·해양관측(海洋觀測)
14. 레이다·로란·방탐(方探)의 사용
15. 파수(把守)
16. 선내작업 상황(정박 중에 준한다.)

§1. 침로

[기입해야 할 사항]

1. 출항하여 처음으로 정침(定針 , set course : 침로를 정하는 일)한 시각, 장소(저명한 물표로부터의 방위·거리)·신침로(新針路) 및 측정의 시도(測程儀示度)
2. 변침(變針)한 시각·장소
3. 침로부정(針路不定, various course)으로 한 시각·장소 및 측정의 시도

1. 선장의 호령으로 여러가지로 조타했다.
2. 선장의 호령대로 침로부정으로 항진했다.
3. 도선사의 호령에 의하여 조타했다.
4. 수도(水道)를 안전하게 통과하고 선장의 호령에 의하여 조타했다.
5. 우도 등대를 WSW 1′로 항과하고 SE로 정침했다. 예항 측정의를 투입하여 지침(指針)을 0에 맞추었다.
6. 팔미도 등광 SE 1′로 병항하고 S/E로 변침했다. 측정의 10′.
7. 하조도 등대를 8°,5′로 바라보고 침로부정으로 했다. 측정의를 수납했다. 시도 130′.

§2. 측정의

[기입해야 할 사항]

1. 측정의 사용개시와 종료의 시각·장소(저명물표로부터의 방위·거리) 및 시도

§1. Setting course

∽로 변침하다.	alter course(a/co) to∽
∽로 정침하다.	set course(s/co.) to∽ shape course for∽
침로부정으로 한다.	a/co. var'ly, steer var'ly
∽의 호령에 의하여 조타(操舵) 하다.	steer by ∽'s order, steer under ∽'s orders (direction)

1. Steered var'ly under captain's direction.
2. Course var'ly as per captain's order.
3. Steering by pilot's orders.
4. Passed clear passage & steered by captain's order.
5. Passed Udo L.H. on WSW, 1′off, s/co to SE. Streamed & set P. log.
6. Palmido Light abeam SE, 1′off, a/co to S/E. P. log 10′.
7. Hajodo L.H. bore〈008〉, 5′off, a/co var'ly & took in P. log showing 130′.

§2. Log

예항 측정의를 투입하다.	stream P. log
선저(船底) 측정의를 작동시키다.	operate bottom log

2. 변침당시의 시도
3. 주요물표와 병항(並航)했을 때의 시도
4. 매당직 끝의 시도
5. 측심했을 때의 시도
6. 물표를 초인(初認)했을 때의 시도
7. 기타 필요한 때(예, 익자나 해난발생)

1. 선미도 등대를 S/E 1′로 병항했다. 측정의 시도 50′를 0에 맞추었다.
2. 측정의가 65′를 가리켰을 때에 동으로 변침했다.
3. 측정의에 이상을 발견했으므로 수납했다.
4. 검사한 후 측정의를 다시 투입했다.
5. 소리도 등대를 16°,2′로 병항하고 93°로 변침했다. 측정의 시도 143′.

§3. 저명물표의 시인과 항과

[기입해야 할 사항]

1. 선위결정에 적당한 물표를 항과했거나 처음으로 시인한 시각
2. 그 물표의 방위·거리
3. 당시의 측정의 시도

(주) 1. 항로표지의 명칭과 종류는 등대표에 기재된 것을 사용한다.
2. 산·섬·곶 등의 명칭은 수로지나 해도에 따른다.
3. 산과 섬의 명칭 다음에 높이를 ( )안에 쓴다.
4. 등대나 등표 등을 야간 빛만 시인했을 때에는 L't(Light), 주간에는 L.H.로 쓴다.

측정의 시도를 0으로 하다.	set log
측정의를 수납하다.	take(haul) in log
예항 측정의	patent log, P. log
선저 측정의	bottom log, B. log

1. Seonmido L.H. abeam S/E, 1′off, P. log 50′ & reset it.
2. A/co to East when P. log showed 65′.
3. Found something wrong on the log & hauled it in.
4. Streamed set P. log again after examination.
5. Sorido L.H. abeam ⟨016⟩, 2′off, A/CO. to⟨093⟩. P. log 143′.

§3. Passing and making out object.

~을 NW로 초인했다.	made out~on NW. Sighted(observed)~ on NW
~등화를 East 20′에 초인했다.	sighted~ L′t on East 20′ off. observed~L′t on East, distant 20 miles
~을 10°, 2′로 바라보고	~bearing 10°, dist. 2 miles, ~bore 10°,2′off.
~을 90°, 5′로 병항했다.	abeam 90°, 5′off.
~을 270°로 항과했다.	passed~on 270°

1. 시하도 등대가 N20°W, 5′에 보였다.
2. 축산 등대를 NW, 약 10′에서 초인했다.
3. 비양도 등화를 130°, 20′로 초인했다.
4. 상동 등화를 180°, 15′로 바라보고 355°로 변침했다.
5. 마라도 등화를 동, 1′로 변항했다.
6. 천장산(275m)를 좌현선수에 보았다.
7. 가덕도 등대를 선수에서 시인했다.
8. 육지를 우현선수로 시인했다.
9. 울기 등대를 340°, 2′로 항과했다.
10. 2호 입구부표를 우현 1′로 항과했다.

§4. 무중항행

[기입해야 할 사항]
1. 안개·눈 등이 짙어진 시각과 갠 시각
2. 무중신호 개시와 종료의 시각

안개가 끼다.	fog set in
안개가 개다.	fog cleared away, fog lifted
기적을 울리다.	blow whistle
벨을 울리다.	ring bell
사이렌을 울리다.	blow siren

1. 안개가 끼어 무중신호(霧中信號)를 울렸다.
2. 안개와 호우(豪雨)·해상충돌 예방규칙(海上衝突豫防規則)이 요구하는 기적(汽笛)을 울렸다.
3. 국제 무중규칙(霧中規則)이 엄중히 지켜졌다.
4. 규정된 무중신호를 계속 울렸다.

1. Sihado L.H. [was] seen, bearing N20°W, distant 5′.
2. Sighted (Observed, Made out) Chuksan L.H. on NW, about 10′off.
3. Sighted Biyangdo on 〈130〉, 20′off.
4. Ditto L't bore 〈180〉, dist. 15′& A/CO. to 〈355〉.
5. Marado L't abeam East, 1′off.
6. Cheonjangsan(275m) sighted on port bow.
7. Got a glimpse of Gadeokdo L.H. ahead.
8. Got a glimpse of land on the star'd bow.
9. P'd(Passed) Ulgi L.H. on 〈340°〉, 2′off.
10. P'd No.2 harbor entrance buoy on starboard side 1′off.

§4. Fog & lookout

안개가 짙어지다.	weather became thick
무중신호를 울렸다.	fog signal attended to
무중신호를 계속 울렸다.	fog signal kept going, kept fog signal going
규정된 간격으로	at regulation intervals

1. Fog set in & fog signals attended to.
2. Fog & heavy rain. Blew steam siren as required by Rule of the Road at Sea.
3. International fog regulation strictly complied with.
4. Kept regulation fog signal going.

5. 이슬비와 함께 짙은 안개가 끼었다.
6. 때때로 안개가 산재했다.
7. 상동
8. 농무(濃霧) 기관준비
9. 무제(霧提) 속으로 들어갔으므로 기관을 정지하고 기적을 계속 울렸다.
10. 안개가 짙은 날씨로 되어 기관을 미속으로 했다.
11. 항로 지시부표(航路指示浮標)를 관측하고 농무로 인하여 투묘했다.
12. 짙은 안개로 무중신호를 울리면서 속력을 늦추었다.
13. 당직 중 계속 강설(降雪)
14. 강설로 시정(視程) 악화.
15. 우박 섞인 심한 스콜
16. 상동
17. 안개가 개였으므로 전속으로 했다.
18. 안개가 개었다. 양묘하고 항해를 계속했다.

§5. 측심

[기입해야 할 사항]

1. 측심한 시각
2. 수심
3. 저질
4. 당시의 로그 시도

1. 측심을 주의깊게 실시했다.
2. 측심하여 50미터의 수심을 얻었다. 로그 120′.
3. 측심하여 수심 25미터·저질 펄을 얻었다.
5. Dense fog set in with mizzling.

6. Fog patches at times.
7. Patches of fog at times.
8. Dense fog. S/B engine.
9. Run into fog bank, put engine stopped & whistle kept going on.
10. Thick foggy weather & put engine slow.
11. Anchored in thick fog by sight of fairway buoy.
12. Thick fog, whistle going & eased engine down.
13. Snowing throughout the watch.
14. Weather very thick with snow.
15. Heavy squalls with hail.
16. Heavy hail-squalls.
17. Fog cleared away & full speed ahead.
18. Fog cleared off, weighed anchor & proceeded to under way.

§5. Sounding

측심했다.	sounded, took sounding
측심을 실시했다.	sounding attended(taken)
해저에 닿지 않는다.	no bottom
수심 ~m를 얻었다.	got ~meters
음향측심(音響測深)	echo sounding
저질(底質)	bottom's quality. nature of bottom

1. Sounding carefully attended to.
2. Sounded sea bottom & got 50 meters, log 120'.
3. Sounded bottom & got 25 meters with mud.
4. 측심했으나 해저에 닿지 않았다.

5. 측연(測鉛)으로 측심했으나 해저에 닿지 않았다.
6. 음향 측심의(音響測深儀)로 측심하여 50미터를 얻었다.
7. 반사파(反射波)에 의하여 저질이 모래임을 알았다.
8. 측심했으나 50미터로도 해저에 닿지 않았다.
9. 특허 측심기(特許測深器)로 수심 60미터를 얻었다.
10. 수심 20 패덤, 저질 고운 모래(細砂)

§6. 바람·날씨 및 해상

A. 당직중

[기입해야 할 사항]

1. 눈과 비 등의 시작과 종료의 시각
2. 폭풍우(暴風雨)·호설(豪雪)·풍향급변 등의 이상한 날씨
3. 기압의 급변

바람이 급히 강해졌다.	wind sprung up, wind freshened
바람이 한풀 꺾였다.	wind abated, wind fell light
바람이 약해졌다.	wind decreased its force
풍향이 ~로 변했다. (갑자기 변할 때)	wind shifted to
풍향이 ~로 변했다. (서서히 변할 때)	wind veered to
풍향부정(風向不定)	wind unsteady
끊임없는 대우(大雨)	constant heavy rain

1. 강풍(强風)이 한풀 꺾였다.
2. 날씨가 험악해졌다.
3. 기압계(氣壓計)가 하강하고 있다.
4. 기압계가 상승하고 있다.
5. 기압계가 갑자기 990밀리바로 하강했다.

4. Took sounding, no bottom.
5. Took a cast of lead, no bottom.
6. Sounded by echo sounder & got 50 meters.
7. Found bottom's quality sand by echo.
8. Took sounding, no bottom 50 meters.
9. Took a cast of patent lead, 60 meters.
10. Got bottom, 20 fms with fine sand.

§6. Wind, Weather & Sea condition

A. On duty

때때로의 스콜	Occasional squall
끊임없는 눈 스콜	Continuous snow squall
하늘이 맑아졌다.	sky cleared, weather cleared up
비오기 시작했다.	it began to rain
비가 그쳤다.	rain ceased
뇌우(雷雨)	thunder storm
억수같은 비	torrent of rain

1. Strong gale abated.
2. It became threatening.
3. Barometer falling.
4. Barometer rising.
5. Barometer fell to 990 m.b. suddenly.

6. 강풍이 갑자기 불기 시작했다.
7. 강풍이 갑자기 강해졌다.
8. 화풍(和風)이 북쪽으로부터 비와 함께 불기 시작하고 재빨리 강풍으로 되었다.
9. 우박 섞인 심한 스콜
10. 호우와 왕성한 번개
11. 약한 스콜이 자주 왔다.
12. 뇌우와 심한 번개
13. 날씨가 악화되고 있다.
14. 날씨가 회복되고 있다.
15. 날씨는 강설로 인하여 매우 농밀(濃密)해졌다.

B. 당직 교대시

[기입해야 할 사항]

1. 풍력 (뷰포트 풍력계급)
2. 날씨(본란에 기재한 천기기호와 일치 되도록 설명체로 쓴다.)
3. 해면상태(풍랑계급·너울계급)
4. 형식 = 풍력명칭+날씨+해면상태+선체동요와 해수침입 상황

1. 경풍(輕風). 날씨 맑고 해면은 고요하다.
2. 웅풍(雄風). 잔뜩 흐리고 거친 파도
3. 화풍(和風). 비가 약간 강하고 제법 파랑이 있다.
4. 경풍. 날씨 맑고 지평선이 몽롱하다.
5. 웅풍. 옴침. 때때로 호우를 수반하고 시종 번개.
6. 파도 거칠고 SE의 너울이 크다.
7. 상동

6. Strong wind began to blow suddenly.
7. Moderate gale sprung up.
8. Moderate breeze sprung up from northward with rain & rapidly increased to gale.
9. Heavy squalls with hail.
10. Heavy rain & vivid lightening.
11. Frequent light squalls.
12. Thunder storm with vivid lightening.
13. Weather getting worse.
14. Weather getting better.
15. Weather became very thick with snow.

B. Relieve duty

1. Light breeze & fine weather with smooth Sea.
2. Strong breeze with(W/) rather heavy rain & sea moderate.
3. Moderate breeze w/ rather heavy rain & sea moderate.
4. Light air & fin weather(wr) w/ hazy horizon.
5. Strong breeze & overcast, accompanying heavy rain at times & lightening throughout.
6. Sea rough W/ SE'ly heavy swell.
7. Rough sea & SE'ly heavy swell.

8. 심한 스콜이 천둥과 번개를 수반하여 통과했다.
9. 경풍 선미로부터 불어오고 음침하며 지평선에 연무.
10. 바람 없고 맑은 날씨. 밝고 맑은 달밤

§7. 선체의 동요와 해수침입의 상황

선체동요를 나타내는 동사

Labour	난항(難航)하다.
Strain	긴장(緊張)하다.
Labour & strain	극도로 난항하다.
Pitch	종요(縱搖)하다.
Roll	횡요(橫搖)하다.
Work	동요(動搖)하다.
Plunge	돌입(突入)하다.

동요의 정도를 나타내는 부사

Easily	서서히·완만하게
Slightly	약하게·약간
Moderately	강하게
Roughly	거칠게
Heavily	심하게
Very heavily	매우 심하게
Violently	맹렬하게

1. 큰 너울로 심하게 횡요하고 있다.
2. 큰 옆의 너울로 심하게 롤링하고 있다.

8. Heavy rain squall passed accompanied by thunder & lightening.
9. Slight following wind & overcast cloudy weather W/ misty horizon.
10. Light air & fine, bright moon light night.

§7. Shipping & Flooding

해수침입의 정도

Some of water	약간의 해수
Much water Large quantity of water	많은 해수
Heavy seas Big water	큰 파도

전후 갑판에	on decks, on fore & aft
모든 갑판에	all over
후갑판에	on aft deck
가끔	occasionally, at times
자주	frequently, several times
시종	all the time, at all times
끊임없이	constantly, continuously
물보라를 날리다.	shipping(taking) spray
큰 파도가 쳐들어오다.	shipping big seas, shipping heavy water

1. Ship rolling heavily on heavy swell.
2. Ship rolling heavily on high beam swell.

3. 서쪽 너울로 선체는 완만하게 횡요하고 있다.
4. 남쪽의 긴 너울로 선체는 심하게 종요(피칭)하고 있다.
5. 선체 동요하고 심하게 긴장되며 큰 파도는 시종 모든 갑판에 쳐들어오고 있다.
6. 선체동요 맹렬하고 선상은 늘 해수로 충만되다.
7. 선체동요 거칠고 다량의 해수가 전후갑판에 쳐들어오고 있다.
8. 큰 파도가 쳐들어와 전후 요갑판(凹甲板)은 시종 넘치고 있다.
9. 선수부에 다량의 해수를 뒤집어쓰고 있다.
10. 웅풍과 호우. 서방의 높은 파도·선체는 동요 심하고 갑판상으로 해수를 쳐올렸다. 탱크와 빌지를 주의하여 측정했다.

§8. 선내 시계

[기입해야 할 사항]

1. 시계를 움직인 시각
2. 시계를 움직인 양(시간·분)
3. 시계의 전진·후진 여하
4. 시계를 맞춘 기준시(基準時) 또는 어느 경도의 평시(平時)나 시시(視時)

1. 동경 120°-10′의 지방시시(地方視時=船內眞時)에 맞추기 위하여 시계를 10분 앞당겼다.
2. 정오의 지방평시(地方平時)에 맞추기 위하여 시계를 12분 앞당겼다.
3. 홍콩 표준시(120°-00′E)에 맞추기 위하여 시계를 20분 늦추었다.

3. Ship rolling easily on W'ly(Westerly) swell.
4. Ship pitching heavily on S'ly(Southerly) long swell.
5. Ship labouring, straining heavily & shipping large quantity of water on decks all the times.
6. Ship working violently & ship swung under seaworthiness.
7. hip labouring roughly & shipping much seas on fore & aft decks.
8. Shipping heavy seas & flooding fore & aft well decks all the times.
9. Taking large quantity of water over the bow.
10. Strong breeze & heavy rain, high westerly sea, ship labouring heavily & ship swung under water. Tanks & bilges carefully attended.

§8. Ship's clock

시계를 ~분 앞당겼다.	Put(Set, Corrected, Adjusted) clock ahead~minutes. Advanced(Forwarded) clock
시계를 ~분 늦추었다.	Put(Set, corrected, Adjusted) clock back, Retarded(Backed, Returned, Reduced) clock
한국 표준시에 맞추기 위하여	for~K.S.T.
경도 ~도의 평시	S.M.T.~in Long~
표준시	standard time, S.T.

1. Put cloks ahead 10m. for S.A.T. in Long 120°-10'E.
2. Advanced clocks 12m. for S.M.T. at noon.
3. Put clocks aback 20m. for standard time at Hongkong. (Long 120°-00'E)

4. 동경 90도의 정오 지방시시에 맞추기 위하여 선내의 모든 시계를 26분 늦추었다.
5. 한국 표준시에 맞추기 위하여 시계를 40분 앞당겼다.
6. 프랑스 표준시에 맞추기 위하여 시계를 1시간 앞당겼다.
7. 미국 태평양안 표준시의 일광 절약시간에 맞추기 위하여 1시간 30분 앞당겼다.
8. 서경 150°-00′의 시각대(時刻帶)에 맞추기 위하여 선내 시계를 1시간 늦추었다.
9. 크로노미터(時辰儀)의 일차(日差)를 산출하기 위하여 천측 했다.

§9. 일부 변경선과 적도의 통과

[기입해야 합 사항]

1. 통과시각
2. 통과한 방향
3. 통과한 위도 또는 경도
4. 날짜를 뛰어넘었거나 되풀이한 사실
5. 자오선 통과축일이나 적도제를 한 사실

1. 북위 40°-10′에서 180°자오선을 동으로부터 서로 통과했다.
2. 남위 5°-30′에서 일부 변경선을 서로부터 동으로 통과했다.

4. Retarded all ship's clocks 26m. for S.A.T. at noon in Long 90°-00'E.
5. Advanced clocks by 40 minutes to K.S.T.(Korean Standard Time).
6. Advanced clocks by an hour to Mid-European Time. (Standard Time in France)
7. Put clocks ahead an hour & a half for Daylight Saving Time of Pacific Standard Time in U.S.A.
8. Retarded ship's clocks by 1^h to Zone Time(Z.T.)in Long 150°-00W.
9. Took a sight to verify the rate of chronometer.

§9. Passing Equator & Date Line

~을 통과했다.	Passed(P'd)~, Crossed~ ,
일부 변경선	date line, meridian of 180°
적도	Equator, the Line
자오선 통과축일	Meridian day
적도제	Neptune's revel
날짜를 되풀이했다.	repeated the date
날짜를 뛰어넘겼다.	skipped the date

1. Crossed the meridian of 180°(180°meridian) in lat 40°-10'N from East to West.
2. P'd the date line in lat 5°-30'S. from West to Fast.

3. 3월 10일의 날짜가 되풀이 되었다.
4. 7월 21일의 날짜를 뛰어넘었다.
5. 달력으로부터 8월 21일 금요일을 뛰어넘었다.
6. 12월 22일 목요일을 다시 세었다.
7. 본선이 일부 변경선을 통과했으므로 3월 23일이 되풀이 되었다.
8. 총원 자오선 통과축일(子午線通過祝日)을 즐겼다.
9. 자오선 통과축일이므로 오늘 휴업(休業)했다.
10. 적도제(赤道祭)이므로 휴업했다.
11. 적도제이므로 휴업했다.

§10. 타선의 항과

[기입해야 할 사항]
1. 항과 또는 발견한 시각
2. 방위와 거리
3. 타선의 동정(動靜)과 선종(船種)

추월했다.	overtook
추월당했다.	overtaken by∽
∽호와 마주쳤다.	met with '∽ho'
∽을 항과했다.	passed∽
동항(同航)중인 ∽,	'∽ho'on(bound) same way
반항(反航)중인 ∽호	'∽ho'on(bound) opposite way

1. 복항(復航)중인 기선'고려호'와 만나 교신(交信)했다.
2. 왕항(往航)중인 자매선(姉妹船)'부산호'를 만나고 안전항해를 교신했다.

3. Date of March 10th repeated.
4. Date of July 21th skipped.
5. Skipped Friday, Aug. 21st from our calender.
6. Counted Wednesday Dec. 22nd again.
7. March 23rd was repeated, as she passed the Date Line on previous day.
8. All hands enjoyed Meridian day.
9. Being Meridianday, no work today.
10. No ship's work done owing to Neptune's revel.
11. Kept no work on board owing to Neptune's revel.

§10. Passing vessels

군함(軍艦)	man-of-war
전함(戰艦)	battle ship
순양함(巡洋艦)	cruiser
구축함(驅逐艦)	destroyer
잠수함(潛水艦)	submarine
항공모함(航空母艦)	aircraft carrier

1. Met with S/S'Korea-ho' bound homeward & exchanged signals.
2. Met with sister ship'Busan-ho' bound outward & exchanged'good voyage'. (or'Bon Voyage')

3. 로스엔젤레스로 향하는 기선'서울호'를 추월하고 교신했다.
4. 기선'포항호'를 좌현으로 추월했다.
5. 기선이 좌현 3마일로 항과했다.
6. 북상하는 기선을 SSE로 보았다.
7. 우현 10마일에 서항(西航)하는 군함과 만났다.
8. 서쪽으로 트롤 어선단을 보았다.
9. 동항하는 어선 1척을 좌현 10마일로 항과했다.
10. 본선 우현측을 반항하는 영국 군항을 항과하고 경례신호(敬禮信號)를 했다.

§11. 신호와 통신

[기입해야 할 사항]

1. 신호 또는 통신한 시각
2. 신호 또는 통신한 상대
3. (필요한 경우) 신호 또는 통신의 방법과 내용

신호했다.	signalled, gave signal
신호를 교환했다.	exchanged signals, repeated signals, signalled with other
수신(受信)했다.	received signals
~과 통신했다.	communicated with~
신호를 표시했다.	displayed signal
신호를 반복했다.	repeat back signal
신호를 판독하다.	make out signal

3. Overtook M/S'Seoul-ho'bound for Los Angeles & communicated with her.
4. Overtook M/S'Pohang-ho' on port side.
5. A steamer passed on port side 3 miles off.
6. Sighted a steamer heading northwards on SSE.
7. Met with a man-of-war passing westwards on starboard side 10 miles away.
8. Sighted a number of trawlers on westward.
9. Passed a fishing boat on the same way, on port side distance 10 miles.
10. Passed British warship bound opposit way on starboard side & greeted with salutatory signal.

§11. Signals & Communications

무선전신으로	by radio, by wireless, on the air
무선전신을 타전하다.	send a message by radio, send wireless, radio, wireless
무선전신을 수신하다.	receive message
무전으로 접촉을 갖다.	keep within wireless touch
조난신호(遭難信號)	signal of distress
비상신호(非常信號)	emergency signal
신호소(信號所)	signal station

1. 도선사를 부르는 신호를 보냈다.
2. 상동
3. 도선사를 부르는 모스 신호를 했다.
4. X신호소를 항과하고 선명과 국적(國籍)을 모스 부호로 신호했다.
5. Y신호소로 선명과 목적항을 신호했다.
6. Z신호소로부터 수신(受信)하고 회신(回信)했다.
7. '수원호'를 만나 신호를 교환했다.
8. 그 선박과'안전항해'를 신호했다.
9. 인사신호로 인사했다.
10. 무전으로 S.O.S.를 수신했다.
11. '충무함'과 만나 교신했다.
12. 5본 마스트의 범선'지리산호'가 다음과 같이 송신해왔다.
13. 영도 신호소를 북방 3마일로 바라보고 본선의 통과를 송신했다.
14. 마닐라 행 기선'대구호'에 추월당했다. 경험한 해류(海流)에 대하여 통보하고 여러가지 신호를 교신했다.
15. 본사로부터 목적항을 봄베이로 바꾸도록 무전을 수신 했다.
16. 뉴욕 지점으로부터 파나마 양하물을 아바나에서 양하 하도록 무선지시를 받았다.

§12. 부서와 훈련

[기입해야 할 사항]

1. 훈련실시의 시작
2. 훈련내용

1. Signalled for pilot.
2. Made signal for pilot.
3. Morsed to call pilot.
4. P'd X signal station, signalling ship's name & nationality by morse code.
5. Signalled ship's name & destination to Y signal station.
6. Received signals from Z signal station & answered.
7. Met with S/S'Suwon-ho' & exchanged signals.
8. Signalled with her'Bon Voyage'.
9. Greeted with salutatory signal.
10. Received S.O.S. by radio.
11. Met with the'Chungmu' & communicated with her.
12. Five masted schooner'Jirisan-ho' displayed signals as follows:
13. Made out signal hill of Yeongdo, bearing North, 3 miles off & transmitted her passing.
14. Overtaken by S/S'Daegu-ho', bounding for Manila & signalled about the currents encountered & repeated signals.
15. Received the message from head office to alter her port of destination to Bombay.
16. Received the instruction by radio from New York Branch to discharge Panama cargo at Havana.

§12. Stations & Drills

방화부서(防火部署)	fire station
방수훈련(防水訓練)	leak drill, preventing leakage drill
단정(端艇)훈련	boat drill
부서표(部署表)	quarter(station) bill
~훈련을 실시했다.	practised(exercised)~ drill
부서를 해제했다.	dismissed(loosed) station

1. 단정훈련 및 방화훈련을 실시했다.
2. 익자 구조훈련을 실시했다.
3. 총원을 총단정부에서 배치했다.
4. 총단정을 강하했다.
5. 총단정을 수납했다.
6. 갑판원 이도령이 바다로 떨어졌다.
7. 2등 항해사 지휘 아래 2호 보트를 내리고 그를 구조했다.
8. 화재가 발생하여 총원을 방화부서에 배치했다.
9. 수밀문을 시험한 바 모두 양호함을 알았다.
10. 수밀문과 기타 응급장치를 시험하여 모두 양호한 상태임을 알았다.
11. 총원 소집하고 구명동의 착용법을 교육했다.
12. 방수훈련을 실시하고 방수 매트를 받쳤다.
13. 방화훈련을 실시하고 소화용구를 점검했다.
14. 총단정 부서를 해제하고 훈련을 종료했다.

수밀문(水密門)을 닫았다.	closed watertight door
누설(漏洩)을 막았다.	stopped a leak
~을 출항부서에 배치하다.	station~for leaving port
응급장치(應急裝置)	emergency gears
충돌(衝突)부서	collision station
해묘(海錨)훈련	sea anchor drill
익자 구조훈련	man overboard drill

1. Practised boat & fire drills.
2. Practised man overboard drill.
3. Stationed all hands for all boats.
4. Lowered all boats.
5. Hoisted in all boats.
6. Sailor, Rhee Doryeong, fell overboard.
7. Lowered No.2 life boat & rescued him under care of 2nd officer.
8. Fire broke out & stationed all hands for fire fighting.
9. Tested watertight doors & found them all satisfactory.
10. Tested sluice doors & other emergency gears & found them in good condition.
11. Crew mustered & instructed wearing life jackets.
12. Practised collision station drill & fitted collision mat.
13. Practised fire station drill & inspected the fire-fighting appliances.
14. Dismissed the boat station & finished the drill.

§13. 천측과 해양·기상관측

[기입해야 할 사항]

1. 관측(천체·해양의)한 시각
2. 선위결정에 이용한 천체의 종류(해·달·별) 및 선위
3. 해양관측의 내용

천측	taking a sight, observation
천측했다.	made an observation, took sight?
별을 천측했다.	took a star(stellar) sight
해양관측	oceanographic observation
기상관측	meteorological observatior.
채수(採水)	water sampling

1. 천측으로 선위(20°-10'N, 165°-35'E)를 결정했다.
2. 태양관측을 하여 북위 35°-34', 동경 127°-05'에 정오 위치를 얻었다.
3. 별을 천측하여 선위(10°-20'S, 120°-30'W)를 얻었다.
4. 수심 100미터의 물을 채집했다.
5. 플랑크톤 네트를 넣었다(올렸다).
6. 치어(稚魚) 네트를 떠내려 보냈다.
7. 심해 온도계(深海温度計)를 끌어올렸다.
8. 심해 온도계로 수심과 수온을 측정했다.
9. 전자 해류계(電磁海流計)를 넣었다(끌어올렸다).

§13. Sight, & observation of weather & sea condition

채수했다.	sampled water
투명도(透明度)	transparency
플랑크톤을 채집했다.	sampled plankton
해류를 관측했다.	observed current
수색(水色)	color of sea
염분(鹽分)	salinity

1. Fixed ship's position(20°-10'N, 165°-35'E) by observation.
2. Took observations of the sun & obtained her noon position on 35°-34'N, 127°-05'E.
3. Got her position(10°-20'S, 120°-30'W) by star sight.
4. Sampled water at the depth of 100 meters.
5. Let go(Hoisted up, Picked up) plankton net.
6. Drifted larva net.
7. Picked up bathythermograph(B.T.).
8. Got depth & temperature of water by B.T.
9. Set(Picked up) G.E.K.

§14. 레이다·로란 및 방탐

[기입해야 할 사항]

1. 기구 사용한 시각
2. 내용과 결과

무선방향 탐지기(無線方向探知機) radio direction finder, radio compass

1. 레이다로 독도를 60°, 20′로 잡았다.
2. 레이다 스코우프상에서 235°, 30′에 타선을 시인했다.
3. 로란으로 선위를 결정했다.
4. 로란과 천측으로 선위를 얻었다.
5. 무선방향 탐지기로 X무선 표지국을 320°로 측정했다.
6. 방탐을 사용하여 조난선을 향하여 항진했다.
7. 로란에 의하여 선위(40°-10′N, 160°-30′E)를 얻었다.
8. 교차방위로 북위 35도 20분, 동경 140도로 선위를 구하고 거기를 동서거(東西距)로 했다.
9. 원방 물표방위에 의하여 자차곡선을 산출하기 위하여 본선을 선회시켰다.
10. 태양의 출몰 방위각으로 선수 SW의 자차를 2도E로 측정했다.

§15. 견시

[기입해야 할 사항]

시각, 이유 및 사실

§14. Rader, Loran & Direction finder

무선표지국(無線標識局)(무지향식)	radio beacon, radio circular station
무선표지국(無線標識局)(지향식)	radio directional station

1. Caught Dokdo by Radar on ⟨60⟩, 20′off.
2. Sighted other ship on Radar scope on ⟨235⟩ , distance 30′.
3. Fixed her position by Loran.
4. Got ship's position by Loran & observation.
5. Observed X Radio beacon on ⟨320⟩ by radio compass.
6. Proceeded to the ship in distress, using radio direction finder.
7. Got her position on Lat 40°-10'N, Long 160°-30′E by Loran.
8. Fixed her position on Lat 30°-20′N, Long 140°-00′E & took departure from there.
9. Turned her round to obtain deviation by bearing of a distant object.
10. Deviation of the compass was found to be 2°E on ship's head SW by the amplitude azimuth of the sun.

§15. Lookout

∽에 대한 견시를 엄격히 했다.	sharp(keen, strict) lookout kept for
견시를 해제했다.	released lookoutman

1. 선수루에 견시원을 배치했다.
2. 부류기뢰(浮流機雷)에 대하여 견시원을 망대(望臺)에 배치했다.
3. 높은 곳에(선수루에)서 엄격히 견시시켰다.
4. 불 없는 어선군에 대한 견시를 엄격히 했다.
5. 어선군에 대한 견시를 엄격히 하고 본선은 반속으로 항진했다.
6. 견시원을 망대로 보냈다.
7. 무등 어선군에 대한 견시를 엄격히 했다.
8. 오후 5시로부터 오전 6시까지 밤새 견시원을 선수루에 배치하여 견시를 엄격히 했다.
9. 견시원을 되불렀다.
10. 탈선자(脫船者)를 감시하기 위하여 사관야직(士官夜直)을 배치했다.

§16. 항로변경

[기입해야 할 사항]

1. 항로변경의 원인·이유
2. 시각·결과·사실

1. 본사로부터의 명령으로 목적항을 변경하여 홍콩으로 항진했다.
2. 갑판원 A씨가 급성 맹장염을 심하게 앓았다. 병원으로 보내기위하여 가장 가까운 항구인 싱가포르로 기항했다.

엄격한 견시	bright(good) lookout
높은 곳	aloft
망대	crow's nest

1. Kept lookout man on forecastle.
2. Set lookout man on crow's nest for floating mine.
3. Kept a sharp lookout aloft(on forecastle).
4. Good lookout kept unlighted fishing boats.
5. Ship running under half speed & a sharp lookout kept for fishing boats.
6. Sent lookout man to crow's nest.
7. Kept a bright lookout for fishing boats unlighted.
8. Set sharp lookout on forecastle through the night from 1700 to 0600.
9. Called back the lookout man.
10. Kept officer's night watch for deserter.

§16. Deviation of course

1. Altered the port of calling & propelled for Hongkong by Head Office's order.
2. Mr. A, sailor, suffered from acute appendicitis seriously. Dropped in the nearest port, Singapore, to send him to the hospital.

3. 조난신호에 응신하면서 조난선을 구조하기 위하여 변침하고 항진했다.
4. 크리스마스도에서 핵실험을 실시 한다는 경고를 받고 북으로 변침했다.

제 3장 정박 중에 관한 사항

§1. 작업일과

[기입해야 할 사항]

1. 턴 투(아침식사 전의 간단한 갑판청소) 또는 아침 별과(別課)작업을 했을 때에는 개시시각과 작업내용
2. 갑판부 작업 개시와 종료의 시각
3. 갑판부 작업의 개요

A. 시업(始業)·종업(終業) 및 갑판청소(甲板淸掃)

작업에 착수하다.	turn to
작업을 시작하다.	commence work
작업을 정지하다.	knock off

1. 갑판원 과업착수·평시와 같이 갑판을 청소하였다.
2. 갑판원 갑판청소에 착수했다.
3. 갑판원 전후갑판의 청소에 종사했다.
4. 갑판원 선체외현(船體外現)을 청소하였다.
5. 갑판원 화물창 내부를 씻었다.
6. 갑판원 과업 착수하여 갑판을 비로 쓸었다.
7. 갑판원 갑판을 연마석(硏磨石)으로 닦았다.
8. 갑판원 난간(핸드 레일)에 니스칠을 했다.

3. Altered her course & proceeded for the rescue of the wrecked ship, answering the distress signals from her.
4. Altered course to North, receiving a warning of nuclear testing to be held at Christmas island(I'd).

PART 3. Matters at anchoring

§1. Sailors work

A. Turn to, Knock off & Deck washing

작업을 중지하다.	stop work
작업을 재개하다.	resume work
연마석으로 갑판을 닦다.	holystone deck
갑판을 청소하다.	wash [down] deck
갑판을 비질하다.	broom [down] deck
~에 종사하다.	employed in ~ing
하역 종사자를 제외하고	except cargo attendants

1. Hands turned to, washed deck down as usual.
2. Hands turned out to wash decks down.
3. Hands employed in washing fore & aft decks.
4. Crew washed ship's outside.
5. Hands washed clean cargo holds.
6. Hands turned to, broomed decks down.
7. Hands holystoned decks.
8. Hands varnishing hand rails.

9. 갑판원 전갑판의 치핑에 종사했다.
10. 상동
11. 상동
12. 과업착수·노천(露天)갑판을 문질렀다.
13. 과업계속·오전과 동일한 작업에 종사했다.
14. 갑판원 대청소에 종사했다.
15. 갑판원 작업을 중지했다.
16. 갑판원 작업을 재개했다.
17. 갑판원 작업을 종료했다.
18. 갑판원 오늘의 작업을 종료했다.

B. 녹떨기(落銹作業)

녹·녹나다	rust
녹슨 부분	rusty part
녹떨기	chipping

1. 갑판원 갑판의 녹을 떨어냈다.
2. 갑판원 치핑과 스케일링에 종사했다.
3. 갑판원 1호 화물창의 스케일링에 종사했다.
4. 갑판원 연돌(煙突)·통풍통(通風筒)·기관실 위벽(圍壁)의 녹슨 부분에 치핑과 스크레이핑을 했다.
5. 마스트 테이블의 녹슨 부분을 치핑했다.
6. 공기 해머 등으로 1호 밸러스트 탱크의 정판(頂板)을 치핑하고 스케일링했다.
7. 모든 노천갑판의 곳곳에 스케일링 머신으로 치핑했다.
8. 가스 프리이(통상 가스 농도가 0.05% 이하인 상태)를 확인한 후 3호 기름 탱크 정판을 치평했다.

9. Hands employed in chipping fore deck.
10. Hands chipping fore deck.
11. Hands chipped fore deck.
12. Turned to work, scrubbing weather decks.
13. Resumed work, engaged in the same work as forenoon.
14. Crew engaged in general cleaning.
15. Hands stopped work.
16. Hands resumed work.
17. Hands knocked off.
18. Hands knocked off for the day.

B. Chipping & Scraping

녹떨기하다	chip
녹긁기	scaling, scraping
녹긁기하다	scale, scrape

1. Hands chipped fore deck.
2. Hands employed in chipping & scaling.
3. Deck hands employed in scaling in No.1 hold.
4. Crew chipping & scraping rusty parts of funnel, ventilators & engine room casing.
5. Engaged in chipping rusty parts on mast table.
6. Engaged in chipping & scaling the top plates of No.1 ballast tank with pneumatic tools.
7. Employed in chipping all over the weather decks with scaling machine.
8. Hands employed chipping the top plates of No.3 oil tank after ensuring gas free.

C. 페인트·니스·타링 및 시멘트 도장작업(盜葬作業)

페인트칠하다.	paint
페인트칠	painting
터치업·마무리 칠	touching up
터치업하다	touch up
초벌칠하다	first coat
초벌칠	first coating
두벌칠했다	applied second coat
타르칠	blacking down, tarring down

1. 갑판원 마스트와 데릭의 페인트칠에 종사했다.
2. 해치 코우밍을 페인트칠하고 선체외현은 부분도장을 했다.
3. 선교루(브리지) 전단격벽을 비누로 씻고 페인트칠했다.
4. 1호도료의 초벌칠을 시작했다.
5. 2호도료의 두벌칠을 종료했다.
6. 갑판원 전부 마스트의 리깅과 스테이에 타르칠했다.
7. 갑판원 석탄고(石炭庫) 갑판에 타르칠했다.
8. 조타수는 조타실(操舵室)의 니스칠에 종사했다.
9. 갑판원 채광창(採光窓)·선실문(船室門) 및 핸드 레일에 니스칠했다.
10. 1호 밸러스트 탱크와 선수수창(船首水倉) 내부에 시멘트를 발랐다.
11. 2호 밸러스트 탱크 톱에 타르 시멘트칠을 했다.
12. 소나기 때문에 페인트칠을 중지했다.
13. 갑판에 떨어진 페인트를 긁어내었다.

D. 청소(淸掃)

청소하다	clean
청소	cleaning

C. Painting, Varnishing, Tarring & Cementing

타르칠하다	black down, tar down
니스칠	varnishing
니스칠하다	varnish
니스칠 마무리 부분	bright work, varnish work
시멘트칠	cementing
시멘트칠하다	cement
타르 시멘트칠하다	tar-cement

1. Hands employed in painting masts & derricks.
2. Painting hatch coaming & touching up ship's outside.
3. Painted bridge front bulkhead after soaping.
4. Started first coating of No.1 composition.
5. Finished second coating of No.2 composition.
6. Hands blacking down riggings & stays of the fore mast.
7. Crew tarred on bunker deck.
8. Quartermasters employed in varnishing wheel-house.
9. Hands varnished skylights, cabin doors & hand rails.
10. Cementing inside of No.1 ballast tank & fore peak tank.
11. Tar-cemented on No.1 ballast tank top.
12. Stopped painting owing to passing shower.
13. Scraped splashed paint on deck.

D. Cleaning

정돈하다	square up
비누칠하다	soap down

비누칠	soap washing, soaping down
닦아내다	wipe
닦아내기	wiping
윤내다. 광내다	polish, scour

1. 갑판원 부원 거주구(部員居住區)의 청소에 종사했다.
2. 선교루 앞쪽 벽을 비누로 씻었다.
3. 보트와 속구(屬具)를 청소했다.
4. 선미루 갑판의 도장부분을 닦았다.
5. 살롱 입구의 니스칠한 부분을 윤내었다.
6. 갑판부에 소속된 모든 창고를 청소했다.
7. 석탄양하 후 톱밥을 사용하여 화물창을 청소했다.
8. 소금에 절인 생가죽 냄새를 없애기 위하여 초산(醋酸)으로 언더 브리지를 청소했다.
9. 갑판원 1, 2 및 3호 화물창의 오수로(汚水路)를 청소했다.
10. 선교의 황동부분을 광내었다.
11. 해도실(海圖室)의 니스칠한 부분을 소다 세척하고 사관 거주구를 비누 세척했다.
12. 해치에 떨어진 페인트를 벗겼다.

E. 수리(修理)

코킹	calking, caulking
코킹하다	calk, caulk
수리하다	repair
신품과 교환하다	renew
똑바르게 하다	straighten

1. 신호기(信號旗)를 수리했다.
2. 선교루 갑판을 코킹했다.

씻다	wash
소다 세척(洗滌)	soda washing
황동광택제(黃銅光澤劑)	brass work polishing
(황동부분을) 광내다.	polish(brass work)

1. Hands(employed in) cleaning crew's quarter.
2. Soaped down bridge front.
3. Cleaning up boat & gears.
4. Wiping paint work on poop deck.
5. Scoured bright work in saloon entrance.
6. Cleaning all stores belonging to the deck department.
7. Cleaned cargo hold after discharging coal, using saw dust.
8. Cleaned under bridge, using acetic acid to remove the smell of salted hides.
9. Hands cleaning up limbers in Nos.1,2 & 3 cargo holds.
10. Polished brass work on bridge.
11. Soda washing bright work of chart room & soap washing officer's quarter.
12. Removed paint splashes on hatch.

E. Repairing

반반하게 하다	fair
분해검사(分解檢査)하다	overhaul
복구(復舊)하다	replace
주유(注油)하다	oil
그리스를 칠하다	grease

1. Repaired signal flag.
2. Caulking bridge deck.

3. 측심의를 분해검사하고 측심색에 그리스칠을 했다.
4. 스탠션(支柱)을 똑바르게 하고 여러가지로 수리했다.
5. 굽은 스탠션을 그자리에서 바르게 고쳤다.
6. 선수루 갑판의 메인 레일을 신품과 교환했다.
7. 2호 화물창의 선저내장(內張) 일부를 신품과 교환했다.
8. 무전실의 파손된 현창(舷窓) 유리를 갈아 끼웠다.
9. 갑판원은 선내의 모든 도색기(導索器)를 기름쳤다.
10. 모든 하역용구(荷役用具)를 분해검사하고 주유했다.
11. 보트 커버의 수리에 종사했다.

F. 제작(製作)과 설치(設置)

만들다	make
제작	making
새로 만들다.	newly make
설치하다	fix to, fit
설치물	fittings

1. 갑판원은 구명정용 펜더(防舷物) 제작에 종사했다.
2. 2호 화물창의 해치 타포올린을 만들었다.
3. 묘쇄공(錨鏁孔) 플러그와 야채상(野菜箱)을 설치했다.
4. 목공(木工)은 갑판원 2명의 협조를 받아 상부 브리지 아래에 장식판(裝飾板)을 설치했다.
5. 조타수는 릴리이빙 태클을 설치했다.
6. 1호 화물창의 선측내장을 장치했다.
7. 전부 마스트 리깅의 래트라인을 조립했다.
8. 2호 화물창의 파이프를 상자로 에워 쌓다.
9. 로프 끝을 포인팅 했다.

G. 하역준비(荷役準備)

데릭을 끌어올리다	rig(send, raise) derrick aloft,

3. Overhauling sounding machine & greasing sounding wire.
4. Straightening stanchions & repairing variously.
5. Faired bent rail stanchions in place.
6. Renewed port main rail on poop deck.
7. Partly renewing bottom ceiling in No.2 hold.
8. Refitted broken port glass in wireless room.
9. Hands employed in oiling all fair-leaders on board.
10. Engaged in overhauling & oiling all cargo gears.
11. Employed repairing boat covers.

F. Making & Fitting

조립(組立)하다	set up
설치·조립	fitting
상자로 에워싸다	case
다시 설치하다	refit
이동하다	shift

1. Hands employed in making fenders for life boats.
2. Make No.2 hatch tarpaulins.
3. Fitted up hawse plugs & vegetable locker.
4. Carpenter fitted moulding underneath upper bridge with assistance of two sailors.
5. Quartermasters fitting relieving tackle.
6. Fitting cargo batten in No.1 hold.
7. Setting up rigging ratlines of fore mast.
8. Cased pipe at No.2 hold.
9. Engaged in pointing the rope's ends.

G. Preparation for Cargo work

	get(hoist) derrick up hatch

데릭을 끌어내리다.	set derrick down, lower derrick
해치 텐트를 치다.	set(pitch) up hatch tent
데릭에 부속구를 설치하다.	rig derrick
데릭의 부속구를 제거하다.	unrig derrick
해치를 밀폐하다.	secure hatch, batten down

1. 모든 데릭을 올리고 양하(揚荷)준비를 했다.
2. 하역하기 위하여 모든 카고 데릭을 끌어올렸다.
3. 데릭을 의장(艤裝)하고 끌어올렸다.
4. 데릭을 끌어내리고 부속구를 떼어냈다.
5. 해치를(누름대로 막아) 배튼 다운하고 갑판 주위의 도구를 단단히 묶었다.
6. 모든 갑판 적하물과 갑판상의 이동물을 단단히 묶었다.
7. 전부 갑판상의 위험화물을 덮고 단단히 묶었다.
8. 모든 해치에 해치 텐트(天幕)를 쳤다.
9. 적하(積荷)준비를 위하여 모든 데릭 붐을 끌어올렸다.
10. 승무원은 해비 데릭을 준비하고 해치 커버를 열었다.

H. 어구정비(漁具整備)

(1)	
long line	연승(延繩)
buoy line	뜸줄
main line	모릿줄
branch line	아릿줄
sekiyama, cotton thread	중간 아릿줄
wire leader	밑 아릿줄
swivel	도래
hook	낚시
glass float	유리 뜸

윈치에 기름을 치다.	oil winch
갑판을 정돈하다.	put(set) decks in order, square up deck

1. All derricks in place & ready to discharge cargo.
2. Hoisted up all cargo derricks for cargo work.
3. Rigged & got up derricks.
4. Sent down derricks & unrigged.
5. Battened down hatches & lashed gears around decks.
6. Lashing all deck cargo & movables on decks.
7. Covered up & lashed dangerous cargo on fore deck.
8. Set up hatch tents on all hatches.
9. Lifted all derrick booms up in preparation for loading cargo.
10. Crew rigged heavy derrick & opened hatch covers.

H. Arrangements for Fishing gears

flag pole	깃대
bamboo basket	대 광주리
line hauler	양승기(揚繩機)
mark light	부표등(浮標燈)
set line	저연승(底延繩)
drift line	부연승(浮延繩)
(2)	
trawl net	트로올 망(網)
otterbwd	전개판(展開板)

joining chain	헛줄(遊索)
warp	끌줄(引綱)
hand rope	후릿줄(擦綱)
ground rope	발줄(沈子綱)
head rope	뜸줄(浮子綱)
wing net	날개(袖網)
square	천장(天井網)
baiting	등판(背網)
belly	밑판(腹網)
side panel	옆판(側網)
flapper	혀(漏斗網)
cod head	끝자루 머리(囊頭網)
cod end	끝자루(囊尻網)
false belly, chafer	보호망(保護網)
net pendent	그물 목줄(手綱)
pendent swievel	갯대(手木, 張木)
(3)	
gill nets	자망류(刺網類)
drift net	유자망(流刺網)
encircled gill net	선자망(旋刺網)
set net	저자망(底刺網)
floating net	부자망(浮刺網)
single net walls	1매식 전락망(纏絡網)
double-walled net	2중 전락망
trammel net	3중 전락망
buoy	부자(浮子)
rock	침자(沈子)
lead	납(鉛)
lead line	레드 라인

net hauler	양망기(揚網機)
(4)	
pole and line fishing	대낚시(竿釣具)
fish hold, bait tank	활어창(活魚倉)
stretcher	
fishing pole	낚싯대(釣竿)
fishing line, gut	낚싯줄(釣糸)
hook	낚씨(釣針)
sinker	발돌(沈子)
float	뜸(浮子)
bait	미끼(餌料)
swievel	도래
(5)	
lift net, square net	부망(敷網)
light angle net	팔전망(八田網)
two boat lift net	2척장망(二隻張網)
stick held dip net	봉수망(棒受網)
bamboo float	뜸대(向竹)
push out bamboo rods	뻗침대(張出竹)
sinker	발돌(沈石)
purse seine	건착망(巾着網)
haul line, purse line	조임줄(締約綱)
webbing, netting	그물감(網地)
bag, bunt, landing part	쌈지그물(魚捕部)
wing part	날개그물(翼網)
medium part, shoulder	중간그물(차망)
boarder part	보호망(보호망)
dip net	채그물

bow line	방줄(航索)
netting vessel	망선(網船)
auxiliary vessel	부속선(附屬船)
(6)	
net needle	바늘대(網針)
mesh	그물코(網目)
webbing	그물감(網地)
flat knot, reef knot	참매듭(本目結節)
trawl knot, sheet-bend knot	막매듭(蛙叉結節)
hanging	주름(縮結)
left handed twist	바른 꼬임(右撚)
right handed twist	왼 꼬임(左撚)

1. 어구를 수리했다.
2. 어망을 정리했다.
3. 승무원은 연승을 순서대로 정리했다.
4. 어구의 부품(部品)을 교체(제작)했다.
5. 양승기를 분해 검사했다.
6. 양망기가 고장나 수리했다.
7. 갑판원은 조업(操業)할 수 있도록 어구를 준비했다.
8. 타르로 줄을 염색했다.
9. 깃대 제작에 종사했다.
10. 침자와 부자를 제작했다.
11. 뜸줄을 달았다.

I. 조타수(操蛇手)의 임무

1. 조타수가 수묘당직(守錨當直)을 했다.
2. 조타수와 갑판원이 2인직(二人直) 수묘당직을 했다.
3. 조타수가 당직을 엄격하게 했다.

1. Repaired fishing gear.
2. Put fishing net in order.
3. Crew employed in putting long lines in order.
4. Replaced(Made) accessories of fishing gear.
5. Overhauled line-hauler.
6. Net-hauler went wrong & repaired it.
7. Hands got fishing gear ready to fish.
8. Employed in dyeing lines with tar.
9. Employed in making flag poles.
10. Making rock & buoy.
11. Fitting head rope.

I. Quartermaster's duty

1. Anchor watch was kept by quartermaster.
2. Kept double anchor watch by quartermaster & sailor.
3. Quartermaster kept watch strictly.

4. 조타수가 현문당직(舷門當直)을 했다.
5. 조타수가 여러 가지 일에 종사했다.
6. 정박등(碇泊燈)이 밝게 비추고 있었다. 순시하여 이상 없었다.
7. 조타수는 우현 조타쇄(操舵鎖)로부터 2링크를 그리고 좌현 것에서 1링크를 절단하여 짧게 만들었다.
8. 조타수가 예항 측정의를 분해검사하고 신호기를 수선했다.
9. 조타수가 측심의를 소제하고 측심색에 주유했다.
10. 조타수가 선교의 황동부분을 윤내었다.
11. 조타수는 2등 항해사의 감독 아래 텔리모우터의 액을 주입하고 1시간 동안 펌프질했다.

J. 선장(船匠)의 일

1. 목공은 연료고의 그레이팅(格子)을 만들었다.
2. 목공이 선교갑판을 코킹했다.
3. 목공이 단정갑판의 코킹에 종사했다.
4. 목공은 선수루 갑판과 선미루 갑판을 코킹했다.
5. 목공은 해치를 배튼 다운하고 선미갑판을 수리했다.
6. 목공은 굽은 레일 스탠션을 그 자리에서 똑바르게 하고 깃대를 수리했다.
7. 목공은 3호 선창 내의 스파링(船側內張)을 수리했다.
8. 목공은 해치 보드를 수리하고 신조(新造)했다.
9. 목공은 3호 밸러스트 탱크에 이상을 발견하고 즉시 당직사관에게 보고했다.
10. 목공은 오수로와 선수수조 정판을 점검했다.

4. Quartermaster kept gangway watch.
5. Quartermaster employed in various jobs.
6. Regulation lights kept burning brightly. Rounds made, all's well.
7. Quartermasters cut off two links from starboard steering chain & one link from port in order to make them short.
8. Quartermaster overhauling patent log & repairing signal flags.
9. Quartermaster employed in cleaning sounding machine & oiling sounding wire.
10. Quartermaster polished brass works on bridge.
11. Quartermasters employed in filling up liquid & pushing pump of telemotor for one hour under 2nd officer's care.

J. Carpentry

1. Carpenter made gratings for bunker hatch.
2. Carpenter caulked bridge deck.
3. Carpenter employed in caulking boat deck.
4. Carpenter caulking poop & forecastle decks.
5. Carpenter battening hatches down & repairing main rail on poop deck.
6. Carpenter faired bent rail stanchions in place & repaired flag poles.
7. Carpenter employed in repairing side sparings in No.3 hold.
8. Carpenter repairing & renewing hatch boards.
9. Carpenter found No.3 ballast tank unusual & reported at once to officer on duty.
10. Carpenter inspected bilge ways & tank top of fore peak.

11. 목공은 2호 선창 중갑판에 있는 스커퍼 파이프(排水管)의 균열로부터 물이 새는 것을 발견했다.
12. 목공은 예비 연료고의 통풍통으로부터 화기(火氣) 냄새가 올라오는 것을 1등 항해사에게 보고했다.
13. 목공은 조선소로부터 온 인부(목공과 코크 인부)의 일을 감독했다.
14. 목공은 기관실의 파손된 채광창 유리를 갈아 끼웠다.
15. 격리병실(隔離病室)의 돌쩌귀 문을 신조했다.
16. 목공은 사관변소의 소일 파이프(汚水管)을 깨끗이 청소했다.
17. 목공은 선미 갑판에 코킹하여 피치를 칠하고 쇠약해진 다우얼(나무마개)을 신품과 교환했다.

(각종 관(管)의 종류)

[참고]
선내에 설치된 관(管)은 다음과 같다.

filling pipe	주입관(主入管)
discharge pipe	토출관(吐出管)
sounding pipe	측심관(測深管)
suction pipe	흡입관(吸入管)
delivery pipe	송출관(送出管)
fresh water pipe	청수관(淸水管)
portable water pipe drinking water pipe	음료수관(飮料水管)
air pipe	공기관(空氣管)
sea water pipe	해수관(海水管)

11. Carpenter found leakage through crack of scupper pipe in No.2 tween deck.
12. Carpenter reported to chief officer that smell of fire was coming up from ventilator of reserve bunker.
13. Carpenter supervised dock hand's(carpenters'& caulkers') work.
14. Carpenter refitted(or replaced, renewed) broken skylight glass in engine room.
15. Renewed the hinged door of lazaretto.
16. Carpenter employed cleaning & clearing the soil pipe in officer's W.C.
17. Carpenter caulked & pitchec poop deck & replaced some decayed dowels by new ones.

oil pipe	유관(油管)
steam pipe	증기관(蒸氣管)
exhaust pipe	배기관(排氣管)
drain pipe	드래인 관
smoke tube	연관(煙管)
voice tube	전성관(傳聲管)
sanitary pipe	위생관(衛生管)
wash deck pipe	갑판 세척관(甲板洗滌管)
scupper pipe	배수관(排水管)
soil pipe	오수관(汚水管)

§2. 하역

[기입해야 할 사항]

1. 역의 개시·중지·재개·종료 등 시각
2. 하역 중인 화물창
3. 양하역·적하역의 구별
4. 하역 중지한 경우 그 이유(용선계약인 경우 정박기간 〈Lay days〉과 관계가 있으므로 꼭 기입할 것)
5. 하역 중 발생한 사고는 그 시각·원인·내용 등(본선측·하주측·하역업자측의 어느 쪽이 책임이 있는지 명기할 것)
6. 서베이(검정)한 경우 그 시각·내용
7. 오피서즈 탤리(사관 건수)한 경우 그 시각·내용

하역	cargo work
하역하다	work cargo
적(積)하역	loading cargo, cargo loading
양(揚)하역	discharging cargo, cargo discharging, unloading
하물을 싣다	load(take in) cargo
하물을 부리다	discharge(unload) cargo
하물을 인도(引渡)하다	deliver cargo

A. 하역개시 및 종료

1. 인부가 승선하고 1 및 2호 하물창에서 적하를 개시했다.
2. 모든 하물창에서 양하를 개시했다.
3. 밤새(徹夜)하역을 계속했다.
4. 1 및 2호 화물창의 양하를 종료했다.

§2. Cargo work

하역을 시작하다	start(commence) cargo work
하역을 중지하다	stop cargo work
하역을 재개하다	resume cargo work
하역을 완료하다	complete(finish) cargo work
3개조의 하역인부	three gangs of longshoremen (stevedores)
인부	labourer, laborer
내선(승선)하다	come on board, board
부선이 오다	lighter come alongside
하물을 쌓다	trim
하역감독을 하다	attend to cargo work
하역당직을 하다	keep watch for cargo work
해치를 열다	open hatch
해치를 닫다	close(shut) hatch
해치 뚜껑을 열다	take hatch off, remove hatch board
해치 뚜껑을 덮다	cover up hatch, put hatch on, put on hatch board

A. Start & Knock off cargo work

1. Labourers boarded & commenced loading cargo at Nos.1 & 2 hatches.
2. Started discharging cargo at all hatches.
3. Continued cargo work through the night.
4. Finished discharging cargo at Nos.1 & 2 hatches.

5. 당항(當港)의 하역을 모두 종료했다.
6. 1호 하물창으로부터 3호 하물창으로 하물을 옮겼다.
7. 2호 선창에서 하물을 쌓았다.
8. 하역인부가 하선했다.
9. 하역작업을 완료하고 모든 해치를 닫았다.
10. 3호 하물창에서 적하를 완료하고 모든 하물을 적재했다.
11. 모든 데릭 붐을 내리고 해치를 배튼 다운했다.
12. 하역을 종료하고 하역용구 부속구를 제거하고 해치를 밀폐했다.
13. 후부의 하역을 모두 완료했다.
14. 양하를 종료하고 모든 해치에서 적하를 개시했다.
15. 모든 화물창에서 면화의 양하를 개시하고 특별히 화기예방을 위하여 각 하물창에 갑판원 감시자를 배치했다.

B. 하역 중지 및 재개

1. 오늘의 하역을 중지했다.
2. 호우로 인하여 적하를 중지했다.
3. 높은 파도로 부선이 현측으로 접현하지 못하여 하역을 중지했다.
4. 윈치 고장으로 양하를 중지했다.
5. 부선이 부족하여 양하를 중지했다.
6. 소나기 때문에 이따금 적하를 했다.
7. 4호 선창에서 하역을 재개했다.
8. 식사하기 위하여 하역을 중지했다.
9. 스콜로 인하여 하역을 중지하고 해치 커버를 닫았다.

5. All completed(finished) cargo work for the port.
6. Shifted cargo from No.1 hatch to No.3 hatch.
7. Trimmed at No.2 hatch.
8. Stevedores left her.
9. Completed all cargo work & closed all hatches.
10. Finished loading cargo at No.3 hold & all cargo aboard.
11. Lowered all derrick booms & battened all hatches down.
12. Finished cargo work, unrigged cargo gears & secured hatches.
13. Finished all cargo work on after end.
14. Completed discharging cargo & started loading at all hatches.
15. Commenced discharging cotton at all hatches, keeping down-below men in each hold, taking precaution against fire especially.

B. Stop & Resume cargo work.

1. Stopped cargo work for the day.
2. Stopped loading cargo owing to heavy rain.
3. Lighters being unable to get alongside on account of high seas, stopped cargo work.
4. Stopped discharging cargo owing to winch trouble.
5. Stopped unloading for lack of barges.
6. Worked at cargo loading on & off owing to passing shower.
7. Resumed cargo work at No.4 hatch.
8. Stopped cargo work for meal.
9. Stopped cargo work & closed hatch covers owing to passing squall.

10. 모든 화물창에 해치 텐트를 치고 비가 그치기를 기다렸다.

C. 검수(檢數)와 검정(檢定)

1. 실크 룸에 싣는 하물을 위하여 항해사 검수를 실시했다.
2. 항해사는 검수원과 함께 2중 검수를 했다.
3. 귀중품 50상자를 영수하고 실크 룸에 특별히 주의하여 적재했다.
4. 해사(海事) 검정원 브라운씨가 승선하여 면화(솜) 적재법을 검사했다.
5. 로이드 검정원 아놀드 선장은 1,2,3,4 및 5호 해치를 검사하고 양호한 상대임을 알았다.
6. 특수하물을 로커에 적재하고 사관의 검사를 실시했다.
7. 사관 입회 아래 우편행낭을 메일 룸에 적재하고 그 방에 자물쇠를 채워 봉인했다.
8. 검정원 점검 후 냉동 참치를 양륙했다.
9. 검수원 8명을 사용하여 각 선창에서 2중 검수를 실시했다.
10. 2 및 3호 좌현 화물유 탱크가 청결하고 야자유 선적준비가 완료되었으므로 검정원에 의하여 합격했다.

[참고] 하역 인부와 하표에 관한 사항

1. 하역준비가 끝나고 선박 계류작업도 끝나면 하역노무자가 승선하여 하역이 시작된다. 하역인부는 일반적으로 longshoreman 또는 stevedore라고 부른다.
2. Stevedore란 말은 영국과 미국에서 서로 다른 뜻으로 쓰인다. '노무자'의 뜻으로 사용할 경우 근육노동을

10. Set up hatch tents on all hatches & waited rain clear up.

C. Tally & Survey

1. Kept officer's tally for the goods to be stowed in silk room.
2. Ship officers kept double tally with tallymen.
3. Received 50 cases of valuable goods & stowed in silk room with special care.
4. Marine surveyor, Mr. Brown, boarded & inspected stowage of cotton.
5. Lloyd's Surveyor, Captain Arnold, inspected Nos. 1,2,3,4 & 5 hatches & found them in good condition.
6. Shipped special cargoes into the locker, kept officer's tally for them.
7. In the presence of officer, loaded mail bags into mail room, locked the room & sealed.
8. Discharged frozen tuna after surveyor's inspection.
9. Employed eight tallymen & kept double tally at each hatch.
10. Nos. 2 & 3 port side cargo oil tanks passed by Surveyor as clear & ready for loading coconut oil.

하는 자를 longshoreman이라 하고 이 longshoreman을 부리는 십장 또는 하역업자를 stevedore라고 한다.

3. 이들 노무자는 조(組) 단위로 작업하는 바 이 단위를 longshoremen's gang 또는 stevedore gang라고 한다. 이 gang의 책임자 또는 조장을 hatch boss, foreman stevedore, dock boss, hatch fore-man, stevedore, foreman 등 여러 가지로 부른다. hatch boss의 장을 ship foreman이라 부르고 이 자가 직접 1등 항해사와 하역에 대하여 협의한다.

4. 각 gang의 인원수는 취급하는 화물에 따라 또는 적하·양하별 및 각 항구의 습관에 따라 다르나 뉴욕이나 런던에서는 잡화(雜荷)양하의 경우 18~24명이며 그 중 9~12명이 hold man이라 불리우고 선창내에서 작업한다. 3~5명은 hatch man(winch man에게 신호하는 노무자) 및 winch man으로서 갑판상에서 작업하고 6~7명은 pier man 또는 quay man이라 불리우며 안벽상에서 작업한다. hatch man을 hatch tender, hatch minder, hatch signalman이 라고도 한다.

5. 화물의 마크와 개수는 tallyman, hatch checker 또는 checker라 불리우는 자가 검수하고 plan clerk와 함께 모든 화물의 정확한 적부도(積付圖, 載貨圖, Stowage plan)를 작성한다.

6. 화물의 마크(荷票, cargo mark)는 다음과 같이 읽는다.

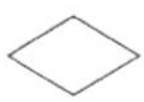 Diamond.

 Upright diamond.

 Cross.

 Brick.

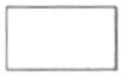 Parallelogram.

 Circle.

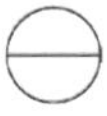 Cross in a circle.

 Crossed Circle.

	Concentric circle, Double circle.
	Zoned circle.
	Triangle in a circle.
	Triangle in a square.
	Intersecting parallels.
	Devided diamond.
	Cross in a diamond.
	Projecting parallels, Intersecting paralles.
	Diamond with projecting ends.
	Diamond with looped ends.
	Triangle.
	Double triangles, Six rayed star.
	Star.
	Touching triangles, Hour glass.
	Diaboro.

	Double indented circle.
	Oval.
♣	Clover.
♥	Heart.
⬡	Hexagon.
♠	Spade.
	Three diamond
—	One line.
∧	Angle.
□	Square.
☾	Moon.

§3. 황천준비

[기입해야 할 사항]

1. 황천이 된 사실·정도·시각
2. 황천준비의 작업내용

날씨가 험악해지자	weather becomes threatening
총원소집	all hands on deck
질풍이 불어오다	fresh breeze springs up
견고히(안전히) 하다	secure

	Three lines in projecting diamond.
A	A plain.
	T.C. in triangle.
	T.Y.C. in circle & K.T. on top.
	'B' in diamond & K.Y. on each side.
	'A' in diamond over BUSAN.
	'N.K.' over 'Two' & 'Five' in, double triangles, over 'LONDON'
N/M	No mark.
V/M	Various marks.

§3. Preparation for rough weather

총원을 갑판에 소집하다	call all hands on deck
황천준비를 하다	prepare for rough weather
계류색을 겹으로 하다	double up mooring rope
단단히 묶다	lash

1. 날씨가 험악해졌다. 총원을 갑판에 소집하고 황천에 대비했다.
2. 질풍(疾風)이 불어왔다. 총원을 소집하고 해치와 통풍통에 커버를 씌우고 해치를 배튼 다운했다.
3. 총원을 소집하고 갑판상의 이동물을 단단히 묶었다.
4. 현문 사다리(舷梯)를 들어올리고 이어 구명정 끌어넣어 이들을 견고히 했다.
5. 선수 계류색을 겹으로 쳤다.
6. 보조 호저를 쳤다.

§4. 수묘당직

[기입해야 할 사항]
1. 수묘당직을 배치한 사실과 그 시각
2. 당직 중의 이상 유무
3. 당직 중 실시한 주요조치

수묘당직을 하다	keep anchor watch
주묘(走錨)	dragging anchor
닻이 끌리다	anchor drags, anchor comes home
묘위(錨位)	anchor bearings
닻줄을 뻗치다	veer(pay) out cable

1. 항해사 수묘당직을 했다.
2. 황천에 대비하여 엄격히 수묘당직을 했다. 이상 없음.
3. 특히 묘위와 정박등에 주의했다.
4. 주묘에 대비하여 기관을 즉시대기(即時待期)로 했다.

1. Weather became threatening. Called all hands on deck & prepaired for rough weather.
2. Fresh breeze sprung up. Called all hands to cover up hatches & ventilators & battened down hatch.
3. All hands on deck & secured the movables on decks.
4. Raised accommodation ladder & then swung in life boat to secure them.
5. Doubled up fore & after lines.
6. Took preventer hawser.

§4. Anchor watch

진회방지하기 위하여	let go anchor to check her
투묘하다	swing
(선수)가 흔들리다	swing
기관을 즉시 대기하다	place engine at short notice
정박등	anchor light, stay light, riding light
정박지	berth, anchorage

1. Set officer's anchor watch.
2. Kept anchor watch strictly against heavy seas & all well.
3. Especially attended to anchor bearings & regulation lights.
4. Placed engine at short notice, prepairing for dragging anchor.

5. 주묘되지 않도록 기관을 전진미속으로 했다.
6. 주묘의 가능성이 있었으므로 기관을 여러가지로 사용 했다.
7. 좌현 닻줄을 7절로 뻗쳤다.
8. 진회방지(振回防止)를 위하여 우현 닻을 투하하고 닻줄 1절을 뻗쳤다.

§5. 연료 · 물 및 식료의 보급

[기입해야 할 사항]

1. 연료·물·식료 등을 보급한 사실·시각(보급시간이 장시간에 이르는 경우에는 개시와 종료의 시각—어느 시점의 흘수가 필요한 경우 문제가 된다.)
2. 연료와 물을 보급한 탱크 명칭
3. 연료와 물의 보급량

~을 보급하다	supply with~,
~을 적재하다	take in~,
식료품(食料品)	loaded~ provisions,
선용품(船用品)	food stuff ship's store
벨러스트 탱크	B.W.T. (ballast tank)

1. 1호 연료유 탱크에 연료유를 적재했다.
2. 2호 연료유 탱크에 연료적재를 개시했다.
3. 연료보급을 마쳤다. 디젤유 60톤을 수령했다.
4. 석탄고에 연료탄 적재를 개시했다.
5. 연료탄 적재를 종료하고 채탄구(採炭口)를 밀폐했다.
6. 연료탄 90톤을 적재했다.

5. Put engine slow speed ahead, lest anchor should come home.
6. Used engine variously as dragging anchor was possible.
7. Veered out port cable to 7 shackles.
8. Let go starboard anchor to check swing & payed out 1 shackle of chain cable

§5. Supply

연료를 적재하다	fuel
연료탄을 적재하다	bunker
청수를 탱크에 채우다	fill up tank with fresh water
연료유(燃料油)	fuel oil
연료탄(燃料炭)	bunker coal
선수수창(船首水倉)	F.P.T.(fore peak tank)
선미수창(船尾水倉)	A.P.T.(after peak tank)
청수창(淸水倉)	F.W.T.(fresh water tank)
연료유 탱크	F.O.T.(fuel oil tank)
양관수조(養罐水槽)	B.F.W.T.(boiler feed water tank)

1. Took in fuel oil in No.1 F.O.T.
2. Commenced fueling in No.2 F.O.T.
3. Finished fueling(Finished supply of fuel oil), Received 60 tons of diesel oil.
4. Started bunkering at bunker.
5. Finished bunkering & secured coaling port.
6. Loaded 90 tons of bunker coal.

7. 청수 20톤을 선수수조에 적재했다.
8. 선미수조에 30톤·2호 청수 탱크에 50톤의 청수를 보급했다.
9. 밸러스트로서 해수를 심수조(深水槽)에 채웠다.
10. 양관수용으로서 3호 밸러스트 탱크에 청수를 채웠다.
11. 선용품을 적재했다.
12. 식료품을 수령했다.

§6. 우편물

[기입해야 할 사항]

1. 우편물을 수령 또는 인도한 사실·시각
2. 수령량 또는 인도량
3. 특히 우편실 이외의 곳에 격납한 경우에는 그 장소

우편물	mail, mail matter, postal matter
우편기(郵便旗)	mail flag
우편에 관한 수배	mail arrangement
우체국(郵遞局)	post office

1. 유럽행 우편물 135부대를 수령했다.
2. 각항구행 우편물 70부대를 적재했다.
3. 우편물 60부대를 우체국으로 인도했다.
4. 우체국으로 우편물 60부대를 배달했다.
5. 당항의 우편물 30부대를 양륙했다.
6. 우편기를 올렸다.
7. 우편기를 내렸다.

7. Took 20 tons of fresh water in F.P.T.
8. Supplied(Replenished) with fresh water, 30 tons in A.P.T. & 50 tons in No.2 F.W.T.
9. Filled up deep tank with sea water for ballast.
10. Filled up No.3 ballast tank with fresh water for feed boiler water.
11. Shipped ship's stores.
12. Received provisions(food stuff)

§6. Mails

우편선(郵便船)	mail steamer, packet-boat
우편선 발착일	packet-day
우편물을 적재하다	ship(take in) mail
우편물을 인도하다	drop(deliver, land) mail

1. Received 135 bags of mail for Europe.
2. Shipped 70 bags of mail for various port.
3. Handed over 60 bags of mail matter to post office.
4. Delivered 60 bags of mail to post office.
5. Landed 30 bags of mail for the port.
6. Hoisted(Flied) mail flag.
7. Lowered(.Let down) mail flag.

§7. 인사·기타

[기입해야 할 사항]

1. 선원·승객 등이 승하선한 사실·시각
2. 선원의 직책·성명
3. 선객수(가급적이면 등급별로 기재)

승선하다	join ship, take ship, embark
하선하다	leave ship, disembark
병가(病暇)	sick leave
유급(有給)휴가	paid leave
법정(法定:)휴가	statutory leave

1. 오늘 갑판원 홍길동이 승선했다.
2. 갑판원 이수일은 병가로 하선했다.
3. 갑판원 2명이 유급휴가로 하선했다.
4. 1항사 김씨는 전임 1항사 박씨와 교대로 승선했다.
5. 전임 2항사 고씨는 신임 2항사 김씨와 교대되었다.
6. 신임 3항사 윤수길이 취임했다.
7. 실항사 정씨는 대리 3항사로 승진했다.
8. 조타수 X는 유급휴가로 인천에서 하선했다.
9. 선객 5명이 부산에서 하선했다.
10. 샌프란시스코로부터 선객 2명이 하선하고 홍콩행 선객 3명이 승선했다.
11. 밀수혐의로 수상 경찰서에 체포되었으므로 갑판원 박인수를 해고했다.

§7. Personal affairs, etc,

신임 3항사	newly appointed 3rd officer
전임 1항사	ex-chief officer
대리 2항사	acting 2nd officer
고용하다	employ
해고하다	discharge
승진하다	promote
~과 교대하다	relieve by~
밀수혐의로	suspicion of smuggling
집무하다	take charge

1. Sailor, Gildong Hong joined ship today.
2. Sailor, Suil Rhee disembarked on sick leave.
3. Tow sailors left ship on paid leave.
4. E. Kim, chief officer, joined ship in place of T. Park, ex-chief officer.
5. Ex-Second officer, S. Koh relieved by W. Kim, new second officer.
6. Newly appointed third officer, Sugil Yun, took charge.
7. Apprentice officer, Mr. Cheong, promoted to acting third officer.
8. Quartermaster, X was granted holidays with pay & disembarked at Incheon.
9. Five passengers disembarked at Busan.
10. Two passengers from San Francisco left ship & three passengers for Hongkong took ship.
11. Discharged sailor, Insu Park, being arrested by water police on the suspicion of smuggling.

12. 만취된 갑판원 K가 기관원 H와 싸워 상처를 입혔다. 두 사람을 경찰서로 보내고 해고했다.
13. 비직(非直) 승무원을 상륙허가했다.
14. 상륙 승무원 귀선했다.

§8. 소독

[기입해야 할 사항]

1. 소독개시와 종료의 시각
2. 소독을 위한 승무원의 하선시각
3. 소독관의 승하선·시각
4. 선창·거주구 등의 개방과 그 시각

1. 소독준비를 완료했다. 당직자 이외의 전승무원은 하선 했다.
2. 소독관이 승선하고 선내를 점검했다.
3. 선내 전부를 청산 가스로 소독하기 시작했다.
4. 소독을 마치고 모든 개구(開口)를 개방했다. 소독관은 퇴선했다.
5. 모든 선창과 거주구역을 개방하고 환기했다.
6. 승무원 거주구역·소지품 및 침대를 소독했다.
7. 검역관의 지시에 따라 모든 선창을 소독했다.
8. 항측에 따라 소독을 위하여 승무원을 육상의 소독소로 보냈다.

12. Drunken sailor, K. came to blow with fireman, H, & injured him. Sent them police station ashore & discharged.
13. Shore leave: granted crew duty off.
14. Shore party rejoined ship.

§8. Fumigation

훈증(薰蒸)소독하다	fumigate
훈증소독	fumigation
소독하다(병원균의)	disinfect
소독하다(곤충류의)	disinsect
청산(靑酸)가스	hydrocyanic acid
유황(硫黃)	sulphur
소독관(消毒官)	fumigation officer

1. Finished preparation for fumigation. All crew except watch keepers left her.
2. Fumigation officer boarded & inspected her.
3. Started fumigation of all parts of ship with hydro-cyanic acid gas.
4. Completed fumigation & opened all openings. Fumigation officer left her.
5. Opened & ventilated all hatches & quarters.
6. Cleaned & disinfected crew's quarters & their baggages & beddings.
7. Fumigated all cargo holds in accordance with quarantine officer's instruction.
8. Sent crew to lazaret on shore for disinfection by harbour rule.

9. 승무원과 3등선객의 거주구를 소독했다.
10. 승무원이 귀선했다.

제 4장 입거에 관한 사항

§1. 입출거

[기입해야 할 사항]

1. 선거장(船渠長 : Dock master)의 성명·승하선 시각
2. 선거문(船渠門 : Dock gate)의 통과시각
3. 선거문의 개폐시각
4. 선거 내 배수와 주수의 개시시각
5. 선저가 용골받침(龍骨盤木 : Keel block) 위에 얹혀진 시각
6. 선체가 떠오른 시각
7. 예인선의 사용상황과 선명

A. 입거(入渠)

1. 도크 마스터 고씨와 직원들이 승선했다.
2. 입거를 위하여 부서에 배치했다.
3. 예인선 A호를 선수로, B호를 좌현선미에 붙였다.
4. 계류색을 풀고 상기 예인선에 이끌려서 도크 마스터 지휘 아래 한일 도크로 항진했다.
5. 도크 입구로 접근하여 육상으로 선수색을 보냈다. 예인선들을 떼어냈다.

9. Disinsected crew & steerage quarters.
10. Crew returned ship.

PART. 4. Matters about Docking

§1. Docking & Undocking

입거(入渠)하다.	enter dock. go into dock
출거(出渠)하다.	come out of dock, leave dock
입거시키다	dock
출거시키다	undock
선거(船渠)로 끌어올리다	haul her up slip
선거로부터 끌어내리다	haul her out of slip
선거의 물을 배수하다	pump out dock water
선거에 장수(張水)하다	flood dock
지주를 세우다	shore up
선체를 수직으로 하다	trim ship upright
선체를 수직으로 유지하다	keep ship upright

A. Docking

1. Dock master, Mr. Z & his men(hands) boarded.
2. Stationed for entering dry dock.
3. Took tug A-ho on bow & B-ho on port quarter.
4. Cast off lines & proceeded to Hanil Dock in charge of dock master under tow of above tugs.
5. Approaching dock entrance, sent bow lines to shore, Let go tugs.

6. 도크 입구에 도착하여 도크 안으로 끌어넣기 시작했다. 예인선들을 떼어냈다.
7. 도크 입구를 통과했다.
8. 1호 드라이 도크에 선수흘수 5m 10cm, 선미 5m 60cm. 중앙 5m 35cm로 경사 없이 계류했다.
9. 도크 문을 닫았다.
10. 도크 받침의 홈이 깨끗하고 케이슨이 제자리에 있는지를 확인하기 위하여 잠수부를 내려보냈다.
11. 중추(重錘)를 장비하여 설치하고 선체의 위치를 매우 정확히 조정했다.
12. Z도크에 매달았다.
13. 도크 물을 배수하기 시작했다.
14. 선체가 용골받침 위에 얹혔다.
15. 지주로 떠받치기 시작했다.
16. 도크의 배수를 완료했다.
17. 지주(支柱) 세우기가 끝났다. 공원(工員)은 수선(水線) 과 선저(船底)를 씻고 청소하기 시작했다.
18. 선저가 용골 받침에 닿고 사이드 쇼어를 조정했다.
19. 용골 전체 길이가 얹히고 배수를 중지했다. 최후로 브레스트 쇼어를 조정하고 설치했다.
20. 도크로부터 물을 배수하고 나서 빌지 쇼어와 보텀 쇼어를 필요한 곳에 조립했다.

B. 출거(出渠)

1. 도크 안에 주수하기 시작했다.
2. 도크 슬루스(船渠門)를 열고 물을 채우기 시작했다.
3. 선체가 떠올랐다.
4. 선수흘수 7m 60cm, 선미흘수 8m 90cm로 용골받침 위로 똑바로 떠올랐다.

6. Arrived at dock entrance & started to haul her into dock, Cast off tugs.
7. Passed dock gate.
8. Ship got her position in No.1 Dry Dock with draft; 5.10m fore, 5.60m aft. 5.35m midship with no list.
9. Closed dock gate.
10. Diver was sent down to ensure that the grooves in the sill of the dock were clear & the caisson was replaced.
11. The docking-bobs were rigged & set up. & her position was very accurately adjusted.
12. Made fast in Z dock.
13. Started pumping out dock water.
14. Ship took(got) keel blocks.
15. Started shoring up. Commenced to shore up
16. Dock floor dried up.
17. Finished shoring. Dock hands commenced washing & cleaning her water line & bottom.
18. Ship took the keel blocks & side shores were adjusted.
19. Full length of the keel was sewed up, pumping was stopped & the breast shores finally adjusted & set up.
20. Pumped out the dock dry & erected the bilge & bottom shores required.

B. Undocking

1. Started to flood deck.
2. Opened the dock sluices & started flooding dock.
3. Ship floated, ship got afloat.
4. Lifted off the keel blocks upright with drafts: 7.60m fore. 8.90m aft.

5. 도크 마스터 H씨와 도크 세일러들이 승선했다.
6. 도크 게이트를 열었다.
7. 예인선 C호를 선미에 붙였다.
8. 계류색을 풀고 출거를 개시했다.(본선을 끌어내기 시작했다.)
9. 도크 게이트를 빠져 나왔다.
10. 별도의 예인선 D호를 선수에 붙여 묘박지로 항진했다.
11. 계류색을 풀고 도크 마스터 지휘 아래 묘박지로 예항되었다.
12. 예인선에 예항되어 A부표에 계류했다.
13. 예인선을 때어내고 도크 마스터가 하선했다.

§2. 도크 작업

[기입해야 할 사항]

1. 공원의 시업 및 종업시각
2. 공원의 수리작업의 개요
3. 각종 검사시행의 시각·내용
4. 선저 플러그의 이탈과 삽입

선저 플러그를 빼냈다	took out bottom plug, unplugged bottom
선저 플러그를 끼웠다	plugged bottom, put in bottom plug
~을 검사하고 결과가 양호함을 알았다.	inspected~& found O.K.(good condition)
~에 대한 해난보고를 했다	noted protest against~
선명을 그리다	draw ship's name
선저도료를 칠하다	apply bottom paint

5. Dock master Mr. H & dock sailors boarded.
6. Opened dock gate.
7. Tug C-ho made fast aft. Took the tug C-ho on her aft.
8. Let go shore lines & commenced undocking. (commenced to haul her out.)
9. Cleared dock gate.
10. Took other tug D-ho on bow & proceeded to her berth.
11. Guys were cast off & she was towed to her berth under the charge of the dock master.
12. Moored her to A buoy, being towed by the tug boat.
13. Let go tugs & dock master left her.

§2. Docking operation

키를 들어올리다	lift up rudder
순조롭게 끼웠다	reset(reship) in good order
용접하다	weld
수밀검사를 하다	execute watertight test
패치를 대다	apply patch
찰상(擦傷)부분	chafed parts
일부갱신하다	partly renew
신조(新造)하다	newly make
물 시멘트칠을 하다	wash-cement, apply wash-cement
현장에서 수리하다	fair in place
타일을 붙이다	apply tiling
~톤의 중량시험을 하다	execute load test of~tons weight
납땜질을 다시하다	resolder

벽돌을 다시 쌓다	rebrick
은도금을 다시 하다	resilver
닻줄을 가지런히 놓다	range out cables
느슨한 스터드를 죄다	tighten up loose studs
순조롭게 다시 격납하다	stow back in good order

1. 선저를 긁어내었다.
2. 수선부의 녹슨 부분을 치핑했다.
3. 선저외판의 앞부분에 센드 블라스팅했다.
4. 외판의 물새는 시임과 리벳에 코킹했다.
5. 외판의 불량한 리벳 680본을 신품과 교환했다.
6. B-16외판의 움푹 팬 곳 2개소를 가열하여 똑바로 폈다.
7. 선수 수조 우측 외판의 물새는 리벳과 라이너 플레이트를 신품과 교환했다.
8. 선저에 20개의 시험공(試驗孔)을 뚫어 검사한 후 용접했다.
9. 선미 프레임과 키의 아연판 6매를 신품과 교환했다.
10. 항해사 전원이 선저를 검사하고 이상이 없음을 알았다.
11. 선체·선저 및 프로펠러를 검사하고 프로펠러 날개에서 다음과 같은 손상을 발견했다.
    'B'40밀리 긁힘
    'C'50밀리 금
    'D'20밀리 굽힘
12. 프로펠러 날개에서 발견된 손상에 대하여 부산 해운관청장에게 해난 보고를 했다.
13. 연료 탱크 이외의 모든 2중저 탱크의 선저 플러그를 빼 냈다.

조정하다	adjust
풀림을 하다	anneal
똑바르게 하다	straighten up
옮기다	shift, remove

1. Scrubbed & scraped her bottom.
2. Chipped rusty parts of water line.
3. Applied sand blasting to the fore part of her bottom platings.
4. Caulked leaky seams & revets on her shell.
5. Renewed 680 defective rivets on her outside shell.
6. Heated 2 dents on outside plate B-16 & made them fair.
7. Renewed leaky rivets & the liner plates on her shell platings at fore peak starboard side.
8. Drilled 20 test holes on her bottom & welded them up after survey.
9. Renewed 6 sheets of zinc plate on her stern frame & rudder.
10. All officers inspected ship's bottom & found O.K.
11. Inspected ship's hull, bottom & propeller & found following damages to propeller blades:
    'B'40m/m scratched
    'C'50m/m cracked
    'D'20m/m bent
12. Noted protest against the damages found to propeller blades before chief of Busan Maritime Authority.
13. Screwed off bottom plugs of all double bottom tanks except fuel oil tank.

14. 선수미 수조와 1.2.3호 밸러스트 탱크의 선저 플러그를 빼냈다.
15. 모든 탱크의 선저 플러그를 끼우고 그 위에 두꺼운 시멘트 칠을 2등 항해사의 감독 아래 실시했다.
16. A.B 검사관 J. 케네디씨가 승선하여 키·닻 및 닻줄을 검사하고 양호한 상태에 있음을 알았다.
17. K.R. 검사관 김씨가 승선하여 선저를 검사고 외판의의 움푹 팬 곳과 프로펠러 날개의 굽힘을 발견했다.
18. 구명정의 속구를 검사하고 양호한 상태임을 알았다.
19. 보트 다빗을 분해검사하고 그리스를 주입하고 순조롭게 복구했다.
20. 1호 구명정의 보트 초크를 수리하고 그라이프의 슬립후크를 신품과 교환했다.
21. 고무제 팽창형 구명 뗏목의 탄산 가스봉을 교환했다.
22. 구명정용 로우로크(노 받침) 20개와 노 10개를 지급받았다.
23. 도크 작업원이 승선하여 다음과 같은 일을 시작했다.
24. 도크 작업원이 작업을 중지하고 하선했다.
25. 도크 작업원은 다음과 같이 작업했다.
    a) 녹슨 부분을 철저히 스크레이핑하고 치핑하여 선저를 청소할 것.
    b) 오수로 청소 및 청소 후 물 시멘트를 칠할 것.
    c) 검사에 대비하여 닻줄을 도크 바닥에 가지런히 놓을 것.
26. 도크 작업원은 입거 사양서(入渠仕樣書)대로 보통 수선(普通 修繕)에 종사했다.

14. Took off bottom plugs of F.P.T., A.P.T. & Nos. 1,2 & 3 B. Ts.
15. Plugged bottom of all tanks, applying thick cement under 2nd officer's care.
16. A.B. surveyor, Mr. J. Kenedy boarded & inspected rudder, anchor & anchor cable & found them in good condition.
17. K.R. surveyor, Mr. Kim came on board, inspected ship's bottom & found outside plating dented & propeller blade bent.
18. Inspected equipments of life boats & found them in good condition.
19. Overhauled boat davits & greased & replaced in good order.
20. Repaired boat chocks of No.1 life boat & renewed slip hooks of gripes.
21. Changed C02 gas cylinders of inflatable life raft.
22. Received 20 rowlocks & 10 oars for life boat.
23. Dock hands boarded & commenced work as follows:
24. Dock hands stopped work & left ship.
25. Dock hands worked as follows:
    a) Cleaning ship's bottom, scraping & chipping rusty parts thoroughly.
    b) Cleaning limbers & applying wash-cement after cleaning.
    c) Ranging out cables on the dock floor for inspection.
26. Dock hands employed in running repair as per docking indent.

참 고 (검사의 종류)

선박검사에 관한 제규정은 선박 안전법과 동시행령에 상세히 설명되어 있다. 검사의 종류와 명칭은 다음과 같다.

1. 정기(定期)검사	The periodical inspection.
2. 중간(中間)검사	The intermediate inspection. (제1종 : Class 1, 제2종 : Class 2)
3. 특수선(特殊船)검사	The inspection of vessel employed for special purpose.
4. 임시(臨時)검사	The occasional inspection
5. 제조(製造)검사	The inspection during construction
6. 예비(豫備)검사	The preliminary inspection.

기타 안전법 제5조 제1항에는 수시(隨時)검사라고 이름 붙일 검사가 있는바 영어로는 The inspection of article에 상당할 것이다. 이들 가운데서 선박이 입거공사시의 검사대상이 되는 것은 1~4의 검사이다.

각 선박은 용도에 따른 선급(船級, Classification)이 있고 이를 유지하기 위하여 각 선급협회 규정에 의한 검사(Survey 또는 Inspection)가 시행된다. 검사원을 surveyor라고 부르며 ship & engineering surveyor, ship surveyor 및 engineering surveyor의 3종이 있다.

제 5장 어선 조업에 관한 사항
Matters about Fishing Operation

[어선조업 중의 기재사항에서 주의할 점]

1. 각 어선에 따라 상이하나 어떠한 어선에서도「침로에 관한 사항」,「기관사용에 관한 사항」은 항해 중이나 출입항에 준하여 기재한다.
2. 조업 중에 기관사용에 관하여 아무 것도 기재하지 않으면 출항시의 전진전속(Full ahead)을 계속한 셈이 된다.
3. 어장에 도착하여 침로를 빈번히 바꾸게 되면 몇 시 몇 분 S/B engine, 몇 시 몇 분 Slow ahead & var'ly라고 써야 한다.
4. 그 후 전진전송으로 일정침로를 항주하기 시작하면 Set course∽°, Full ahead라고 쓴다.
5. 표박 또는 모선에 접현하는 경우와 같이 기관을 장시간 사용하지 않을 때에는 Stop engine 또는 F/W engine을 한 시각을 기재해야 한다.

§1. 다랑어 연승어업
Tuna Long-line Fishery

[기입해야 할 사항]

1. 어장도착·출발과 그 시각
2. 연승을 투입 및 종료와 그 시작
3. 표박개시 및 종료와 그 시각
4. 줄 돌기의 개시 및 종료와 그 시과 이상유무
5. 양승의 개시 및 종료와 그 시각
6. 적수(適水·漁場探索)의 개시 및 종료와 그 시각
7. 조업 중의 사고
8. 침로에 관한 사항
9. 기관사용에 관한 사항

조업·작업	operation
조업부서에 배치하다.	station for fishing
투승(投繩)	streaming lines
양승(揚繩)	heaving up(take in) lines
표박(漂泊)하다	drift
적수(適水)하다	search for suitable sea temper ature for tuna
어장탐색(漁場探索)	searching for better(suitable) fishing ground
프로펠러에 엉키다	foul propeller
엉킴을 풀다	unravel the foul
줄이 끊겨 유실되었다	lines parted & drifted away
줄 돌기를 하다	inspect along lines
양승기(揚繩機)	line hauler
모릿줄(幹繩)	main line

1. 어장 도착·총원을 조업부서에 배치했다.
2. 투승하기 시작했다. SW로 변침했다. (SW로 정침했다.)
3. 투승을 마치고 이어 줄 돌기를 개시했다. 여러가지로 변침했다.
4. 고기 몇 마리가 줄에 걸린 것을 발견하고 양승하기 시작했다.
   후진미속 이후 기관을 여러가지로 사용했다.
5. 줄 돌기를 마쳤으며 이상이 없었다.
6. 표박했다(표박하기 시작했다). 기관정지 및 기관종료
7. 양승을 시작했다. 침로부정 및 기관을 여러가지로 사용했다.
8. 양승을 마치고 표박했다. 기관정지 및 기관종료.
9. 적수를 개시했다.[다랑어에 적당한 수온을 탐색하기 시작했다.]

뜸줄(浮標繩)	buoy line
아릿줄(紙繩)	branch line
라디오 부이	radio buoy
표지기(標識旗)	mark flag
뜸	float
중간 아릿줄	sekiyama
밑 아릿줄	wire leader
낚시	hook
광주리	basket
부표등(浮標燈)	mark light
도래	swivel

1. Arrived at fishing ground. Stationed all hands for fishing.
2. Commenced to stream lines. Altered course to SW.(Set course to SW.)
3. Finished streaming long lines & then started to inspect along lines. Altered course variously.
4. Finding lines caught some fishes, started to heave up lines, slow astern & then used engine variously.
5. Finished inspecting along lines & found O.K.
6. Drifted(Commenced drifting). Stopped & finished with engine.
7. Started to take in long lines. Steering var'ly & using engine as required.
8. Finished taking in long lines & drifted. Stopped & finished with engine.
9. Commenced searching for suitable sea temperature for tuna.

10. 줄이 프로펠러에 엉켰다.
11. 엉킨 줄을 풀었다.
12. 줄이 끊어져서 유실되었음을 알았다.
13. 상기 줄을 발견하고 양승을 재개했다.
14. 오늘 어획량은 다음과 같다.
   날개 다랑어 a톤
   황다랑어 b톤
   눈다랑어 c톤
   새치 d톤

§2. 트롤 어업

[기입해야 할 사항]

1. 어장도착과 출발 및 시각
2. 투망개시의 종료 및 시각
3. 예망개시와 종료 및 시각
4. 양망개시와 종료 및 시각
5. 침로에 관한 사항(보통 예망 중은 set co., 기타는 var. co.)
6. 기관사용에 관한 사항(보통 예망 중은 F/H 또는 ahead. 기타는 stop 또는 var. eng.)
7. 조업 중의 사고

투망하다	set net
양망하다	haul in net. heave in net
투망	setting net
양망	heaving in net
예망하다	trawl net
예망	trawling net

10. The lines fouled propeller.
11. Unraveled the foul of the lines.
12. Found the lines parted & carried away.
13. Caught(Found out) the above lines & resumed taking in.
14. Today's fish catches are as follows:

Albacore	a tons
Yellowfin	b tons
Big-eyed	c tons
Marlin	d tons

§2. Trawl Fishery

엉키다	foul, get foul, get entangled
엉킴을 풀다	unravel(clear) the foul
바위에 걸렸다	be caught by rock
그물을 바위로부터 풀다	clear net from rock
장애물	obstacle, obstruction
방줄	warp
후릿줄	hand rope
오터보드	otterboard
도둠줄	quarter rope
파우어 블록	power block
토우잉 블록	towing block
메신저	messenger
윈치	winch
캡스턴	capstan
중층(中層) 트롤	midwater trawl

잠강기(潛降器)	depressor
네트존데	net zonde, head line recorder
외끌이 기선 저인망	boat seine, danish seine

1. 어장에 도착했다. 기관정지 후 기관을 여러가지로 사용하고 침로부정으로 했다.
2. 투망을 개시했다(종료했다).
3. 예망을 시작했다. 전진전속 315°로 정침.
4. 양망을 시작했다. 전진미속 후 여러가지로 전진.
5. 양망을 종료하고 재차 투망하기 시작했다.
6. 모든 조업을 완료하고 군산을 향하여 어장을 떠났다. 전진전속 및 원속지속.
7. 방줄(후릿줄)이 프로펠러에 엉켰다. 기관을 정지하고 풀어내기 시작했다.
8. 방줄의 엉킴을 풀었다. 전진미속 후 여러가지.
9. 그물이 엉켰으므로 즉시 필요한 조치를 했다.
10. 그물이 개펄을 긁어팠다.
11. 그물이 어느 장애물에 걸렸다.
12. 그물을 장애물로부터 풀었다.

§3. 꽁치 봉수망 어업

[기입해야 할 사항]

1. 어장 도착
2. 어군탐색 개시
3. 어군 발견
4. 집어(集魚) 개시

새우 트롤	shrimp trawl
빔 트롤	beam trawl

1. Arrived at fishing ground. Stopped engine & various. A/co var'ly.
2. Commenced(Finished) setting net.
3. Commenced trawling net. Full ahead. Set course to 〈315°〉.
4. Commenced heaving in net. Slew ahead & var'ly ahead.
5. Finished heaving in net & started to set net again.
6. Completed all fishing & left fishing ground for Gunsan. Full ahead & rung up engine.
7. Warp(Hand rope) fouled propeller. Stopped engine & started to make clear.
8. Unraveled(cleared) the foul of warp. Full ahead & various.
9. Net fouling, took necessary steps.
10. Net scratched up mud.
11. Net caught by some obstacle.
12. Cleared the net from obstacle.

§ 3. Stick-held Dip Net Fishery

5. 투망 } 조업시간이 극히 짧으므로 종료시각을 투양망의 시각으로 간주한다.
6. 양망
7. 조업완료, 어장 출발
8. 침로에 관한 사항(어장 도착에서 출발까지는 var. co.)
9. 기관사용에 관한 사항(조업 중은 var. eng.) 이상을 시각과 함께 기입한다.

조업·작업	operation
봉수망	stick-held dip net
전갱이	horse mackerel
꽁치	pacific saury, mackerel pike
투망하다	cast(set) net
양망하다	haul up net

1. 기관준비·조업준비·총원을 조업부서에 배치했다.
2. 어장에 도착하여 어군탐색을 개시했다.
3. 기관정지 후 여러가지 침로부정.
4. 어군을 발견하고 집어를 개시했다.
5. 투망했다(제1회).
6. 양망했다(제3회).
7. 즉시 어군탐색을 재개했다.
8. 만선되었으므로 조업을 중지했다.
9. 만선되어 조업을 완료하고 묵호를 향하여 어장을 출발했다.
   전진전속 및 원속지속. NNW로 정침했다.

§4. 가다랑어 일본조 어업

[기입해야 할 사항]

1. 어장 도착
2. 어군탐색 개시
3. 어군 발견
4. 집어 개시
5. 낚시질 개시(어체의 대·중·소)

어군을 탐색 하다	search for fish school
어군(魚群)	fish school
집어	luring(gathering) fish
만선(滿船)되었다	ship filled
제2(3)회째	2nd(3rd) time
집어등(集魚燈)	luring light
미끼를 뿌리다	scatter baits
고기를 퍼 올리다	scoop up fish

1. S/B eng. S/B fishing. Stationed all hands for fishing.
2. Arrived at fishing ground & commenced searching for fish school.
3. Stopped engine & then used variously.(Stop eng. & var.) A/co var'ly.
4. Found out fish school & started luring(gathering) fish.
5. Cast(Set) net(1st time).
6. Hauled up net(3rd time).
7. Resumed searching fish school at once.
8. Stopped fishing, ship filling.
9. Completed fishing with a full haul & left fishing ground for Mukho. Full ah'd & R/up eng. S/co to NNW.

§4. Skipjack Pole and Line Fishery

6. 미끼 붙기의 양·불량(수온·수색)
7. 낚시질 중지·어군탐색 재개 또는 어장 출발
8. 침로에 관한 사항(조업 중은 var. co.)
9. 기관에 관한 사항(조업 중은 var. eng.)
   이상을 시각과 함께 기입한다.

1본조	pole & line fishing
미끼 붙기	biting of the fish
미끼 붙기 양호	good biting
수색(水色)	color of sea
수온(水温)	sea temperature
어체(漁體)	fish body

1. 1본조를 개시했다.〈어체 : 중, 미끼 붙기 : 양호, 수색 : 2, 수온 : 17.6°C〉
2. 미끼 붙기가 나빠졌으므로 조업을 중지했다.
3. 상동
4. 미끼를 바다 속에 뿌리고 미끼 붙기를 조사했다.

§5. 모선식 유망 어업

[기입해야 할 사항]

1. 어장도착
2. 투망 개시·종료
3. 표박 개시
4. 양망 개시·종료
5. 어장 출발
6. 모선 도착·접현 및 어획물 인도
7. 조업 중의 사고
8. 침로에 관한 사항(투망 중 이외는 var. co.)
9. 기관사항에 관한 사항(어장에서는 var. eng.)
   이상을 시각과 함께 기입한다.

1. 조업준비·기관준비

수면에 살수(撒水)하다	sprinkled water on the water surface
대(大)	large
중(中)	medium
소(小)	small
가다랑어	skipjack

1. Started pole & line fishing. 〈medium body, good biting, color of sea 2, sea temperature 17. 6℃〉
2. Biting of the fish becoming worse, stopped fishing.
3. As biting of the fish became worse, stopped fishing.
4. Scattered baits in the water & examined the biting of the fish.

§ 5. Drift Net by Mothership

유망	drift net
투망하다	set net
양망하다	haul in net
표박	drifting
표박하다	drift
모선	mother-ship
공선	factory-ship
독항선	catcher
연어	salmon
송어	trout
게	crab

1. S/B for fishing. S/B eng.

2. 어장 도착, 투망을 개시했다. 전진반속 후 기관을 여러 가지로 사용했다. NNE로 정침.
3. 투망을 종료하고 표박을 개시했다. 기관정지.
4. 양망을 개시했다. 전진전속 후 여러가지 요구대로 조타했다.
5. 양망을 종료했다. 모선을 향하여 어장을 출발했다. 전진전속 및 원속지속. SW로 정침.
6. 기관준비. 모선을 선수 1/2′로 바라보고 전진반속 후 기관을 여러가지로 사용했다. 침로부정.
7. 모선'금성'호 우현측에 좌현을 계류했다. 기관정지 및 종료.
8. 어획물을 모선으로 인도하고 모선을 떠났다.

제 6장 사고 및 해난에 관한 사항

선원법에 의하면 해난사고는 해운관청에 보고해야 하며 그 보고는 항해일지를 바탕으로 하여 작성되어야 한다. 또한 해난심판이나 해난사고에 관한 보험처리와 같은 경우에도 항해일지가 참조되므로 해난에 관한 기사는 매우 중요하다.

충돌사고가 일어나면 항해일지에 일일이 기록하고 있을 시간적 여유가 도무지 없다. 이러한 경우에는 사태의 추이를 빠짐없이 간단명료하게 메모해야 한다. 메모의 내용은 시각·선수방위·기관사용 상황·조타·닻의 사용·명령·기타 사후조치 등이다. 이 같은 메모가 뒷날 증거서류로서 가장 귀중한 자료가 된다.

항해일지는 원래 기정사실을 〈기록하는 것이나, 사후에〉 사고전말을 다시 상세히 기록하여도 오히려 증거서류로서의 가치를

2. Arrived at fishing ground. Started setting nets. Half ah'd & used eng. var'ly. A/co to NNE.
3. Finished setting nets & started drifting. Stop eng.
4. Commenced hauling in nets. Full ah'd & var., steering as required.
5. Completed hauling in nets. Let fishing ground for mother ship. Full ah'd & R/up eng. S/co to SW.
6. S/B eng. Sighted mother ship ah'd 1/2 off, & reduced speed to half & used eng. var'ly. A/co var'ly.
7. Made her fast port side to starboard side of mother ship 'Gold star'. Stopped & finished eng.
8. Delivered fish catches to mother ship, & left her.

PART 6. Accidents and Sea Casualties

떨어트릴 수 있다. 따라서 메모 또는 스텐드바이 북으로부터 중요사항을 취사선택하여 항해일지로 옮겨쓰는 습관을 길러야 한다.

[기입해야 할 사항]

1. 사고의 발생시각
2. 사고내용
   (1) 언제
   (2) 어디서·선내의 어느 부분에서
   (3) 누가·무엇이
   (4) 어떻게
   (5) 구엇을 했다.
3. 사고처치와 시각
4. 사고의 주요경과와 시각

§1. 닻과 닻줄에 관한 사고

닻줄이 끊어졌다	chain cable parted
닻에 닻줄을 연결하다	bend cable to anchor
닻줄이 닻에 엉켰다	chain cable got foul of anchor

1. 우현 닻줄이 4절째에서 끊어졌다.
2. 즉시 좌현 닻을 투묘하고 닻줄을 4절 풀어주었다.
3. 보트를 내리고 보트 앵커를 끌어서 잃어버린 닻줄을 탐색했다.
4. 잃어버린 닻줄의 탐색을 중지했다.
5. 상기한 닻줄을 발견하고 인양했다.
6. 좌현 닻줄을 풀어주고 있는 사이에 제1절 닻줄의 조이닝 섀클이 절단되었다.
7. 잃어버린 닻과 닻줄의 위치를 가리키기 위하여 앵커 부이를 투하했다.
8. 우현 닻이 수중에서 무엇인가에 걸렸음을 알았다. 우리는 인양할 수 없었다.
9. 닻을 끌어올려서 플루크가 굴곡되었음을 발견했다.

§2. 조타장치의 사고

고장	trouble, accident
고장이 생기다	go wrong, start a trouble, be disabled, be out of order
복구하다	recover, restore state

§1. Accidents with Anchor and Chain Cable

엉킴을 풀다	get clear of the foul
닻줄이 이탈하다	unshackle(unbend) cable
닻줄을 끊다	part cable

1. Starboard cable parted at 4th shackle.
2. Let go port anchor immediately & veered cable to 4 shackles.
3. Lowered boat & searched the lost cable by dragging boat anchor.
4. Stopped(Gave up) searching for the lost cable.
5. Found & picked up the above cable.
6. While paying out port cable, the joining shackle of the 1st length of chain cable parted.
7. Cast anchor buoy to indicate the spot of the lost anchor & chain.
8. Found that the starboard anchor was fouled with something in the water & we could not weigh it.
9. Hove up anchor & found the anchor bent at its fluke.

§2. Accidents about Steering Gear

조타장치	steering gear
조타기(操舵機)	steering engine
응급 조타장치	emergency steering gear
응급 조타장치로 절환하다	change to emergency steering gear

1. 조타기가 고장 났다. 기관을 정지하고 수리했다.
2. 조타기가 복구되어 기관을 전진전속으로 했다.
3. 전동 조타장치에 고장이 생겼으므로 수동 장치로 전환 했다.
4. 조타가 원상태로 복구했다.
5. 조타기의 갑작스런 고장 때문에 어선과 충돌했다.
6. 조타기에 고장을 발견했다.
7. 상동
8. 조타기 수리를 위하여 기관을 정지했다.
9. 상동

§3. 추진기의 사고

~이 프로펠러에 엉키다	~foul the propeller
엉킴을 풀다	clear the foul
프로펠러가 ~에 닿았다	propeller touched~

1. 계류색이 프로펠러에 엉켰다.
2. 프로펠러 사고 때문에 가박(假泊. 임시로 투묘)했다.
3. 잠수부가 승선하여 그 엉킴을 풀기 시작했다.
4. 계류색의 엉킴을 푸는 작업을 완료했다.
5. 잠수부에게 엉킨 줄을 풀고 프로펠러를 시험하게 했다.
6. 그는 프로펠러에 아무 사고(손상)가 없다고 보고했다.
7. 프로펠러가 계류부표(繫留浮標)의 닻줄과 엉켰다.

1. Steering engine went wrong, Stopped engine & repaired it.
2. Steering engine recovered & put engine full ahead.
3. Electric steering gear being disabled, changed to hand gear.
4. Steering restored to former state.
5. On account of sudden trouble with steering engine, ran against a fishing boat.
6. Found trouble in steering engine.
7. Found something wrong in steering engine.
8. Stopped engine to repair steering engine.
9. Stopped engine for repairing steering engine.

§3. Accidents about Screw Propeller

프로펠러가 무엇인가에 걸렸다	propeller caught on something
프로펠러가 운전불능이 되었다	propeller was disabled

1. The mooring rope fouled the propeller.
2. Anchored temporarily on account of the accident to the propeller.
3. A diver came on board & commenced to clear the foul.
4. Completed work to clear the foul from the mooring rope.
5. Had a diver remove the fouled rope & examine the propeller.
6. He reported that propeller had sustained no damage.
7. The propeller got fouled with the chain of the mooring buoy.

8. 2등 항해사와 조타수에게 프로펠러를 점검하도록 내려보냈다.
9. 2개의 프로펠러 날개 끝에 약간 긁힌 상처를 발견했다.
10. 고베를 향하여 부산을 출발하는 동안 예인선으로부터 풀려난 예색이 본선 프로펠러에 엉켰다.
11. 당직 기관사가 프로펠러에 어떤 충격을 받았다고 보고했다.
12. 심한 충격과 무서운 진동을 선미에서 느꼈다.
13. 기관장이 프로펠러의 이상을 보고했다.
14. 기관에 충분한 주의를 하면서 미속으로 항해를 계속했다.

§4. 접촉과 충돌

∽에 접촉하다	touch∽
∽과 접촉하다	come into contact with∽, touch with∽
∽과 충돌하다	run against(with), run foul of, come into collision with
충돌(접촉)이 일어나다	collision(touch) takes place
수선 위에	above water line
감항성(堪航性)	seaworthiness

A. 안벽(岸壁)·장애물(障碍物) 등과의 접촉·충돌

1. 좌현선미가 계선주와 가볍게 충돌했다.
2. 도선사 로렌스씨의 지휘로 사우드 노크 입구로 착현(着舷) 중 입구 모서리에 접촉하여 이로 인하여 2호 선창 좌현 외판에 요손(凹損)이 생겼다.

8. Set down 2nd officer & a quartermaster to examine the propeller.
9. Found slight scratch in the tip of two propeller blades.
10. While leaving Busan for Kobe, tow rope released from the tug boat fouled our propeller.
11. Engineer on duty reported some shock in propeller.
12. Felt heavy shock & tremendous vibration in her stern.
13. Chief engineer reported something unusual with her propeller.
14. Continued her voyage at slow speed, giving every attention to the engine.

§4. Contacts and Collision

손해를 입었다	sustained damage
그것이 원인으로 ∽의 손해를 일으켰다.	which caused the damage of ∽ing
선저가 ∽을 긁었다 (스쳤다).	ship's bottom scratched (scraped)∽
선수로부터 3점의 각도로 [충돌했다].	[collided] at an angle of 3 points from bow
인명손상은 없었다.	no soul injured

A. Wharfs and Submerged Objects

1. Slightly touched the dolphin with her port quarter.
2. While getting alongside South Dock entrance in charge of pilot, Mr. Lawrence, touched the entrance corner, which caused dent in outside plating at No.2 hatch port side.

3. 안벽에 계류 중 안벽과 접촉하여 현문 사다리의 암괴와 우현 중앙부 외판의 요손을 일으켰다.
4. 3호 선창 좌현측과 안벽 끝이 접촉했다.
5. 강한 낙조(落潮) 때문에 9호 잔교의 외단을 문질렀다.
6. 우현 선수가 안벽에 있는 한 크레인(起重機)과 접촉했다.
7. 우현측 애시슈트를 휩쓸어 가고 전부 갤리 곁의 외판 1매가 움푹 들어갔다.
8. 거기에는 별다른 손해가 생기지 않았다.
9. 본선측은 아무 손해도 받지 않았다.
10. 수면하의 어떤 물체와 접촉했다.
11. 모든 탱크와 빌지를 측심했으나 이상이 없었다.
12. 선체 후부에 가벼운 충격을 느꼈다.
13. 모든 탱크와 빌지를 점검하고 선미수조로 해수가 새는 것을 발견했다.
14. 항내를 서서히 항진하고 있을 때 선저 후부가 어떤 장애물과 접촉하여 가볍게 할퀴었다.

B. 타선(他船)과의 접촉·충돌

1. 기선'대양호'와 부산항 제1항로 입구로부터 1케이블 서쪽 지점에서 충돌했다.
2. 기선 '대양호'의 선수가 3호 선창 좌현 정횡을 거의 직각으로 충돌했다.
3. 상동
4. 서울의 동양해운 주식회사 소유로서 박선장에 의하여 지휘되는 45,000총톤 기선'그레이트 베어호'가 본선 좌현 선미로 충돌했다.

3. While getting alongside wharf, ran against the wharf, which caused smashing up gangway ladder & dent in outside plating on her star'd side amidships.
4. Touched the wharf end with her No.3 hatch port side.
5. Scraped the outer end of pier No.9, due to strong ebb tide.
6. Her star'd bow came into contact with one of the cranes on the quay.
7. Got starboard side ash shoot carried away & a plate on starboard side by forward galley dent.
8. No material damage was caused thereto.
9. No damage was sustained on our part.
10. Touched some submerged object.
11. Sounded all tanks & bilges but found no change.
12. Felt slight shock in after part of hull.
13. Inspecting all tanks & bilges, found leakage of sea water into A.P.T.
14. While proceeding slowly in the harbour, after part of ship's bottom touched & slightly scratched some obstacle.

B. Other Boats

1. Struck against S.S.'Daeyang-ho' at the position, about 1 cable westward from the entrance of Busan No.1 Channel.
2. Our ship was collided at about right angle by M.S. 'Daeyang-ho' with her stem, on the port side abreast No.3 hold.
3. M.S.'Daeyang-ho' struck to our ship on the port side of abreast No.3 hold at about right angle with her stem.
4. S.S.'Great Bear' of the gross tonnage 45,000 owned by Dong-yang Marine Co., Ltd., Seoul, commanded by Captain M. Park, ran against our port quarter.

5. 기선'리틀 베어호'의 좌현 선수가 본선의 우현 선미로 충돌 했다.
6. 기선'리틀 베어호'의 좌현 중앙부와 본선 선수가 충돌하여 본선에 막대한 손해를 주었다.
7. 본선 우현 선미 가 본선을 추월하려던 기선'그레이트 베어호'에 의하여 충돌 당했다.
8. 이로 인하여 5호 늑골과 8호 늑골 사이의 우현 C외판에 요손(약 20평방cm, 깊이 2cm)을 일으켰다.
9. 즉시 좌현묘를 투하하고 육상 물표의 방위를 측정했다.
10. 선수미를 측심하고 본선에는 전혀 침수하지 않고 있음을 알았다.
11. '그레이트 베어호'와 필요사항에 관하여 서로 연락했다.
12. 상술한 선박의 항행에 위험이 없음(감항성)을 확인하고 항해를 계속 했다.

§5. 좌초

좌초	stranding, running, aground
좌초하다	run aground, strike aground, be stranded, be aground, ground, take the ground, go ashore

1. 제주도 서남서방향 약 18마일에 해도에 기재되지 않은 여울에 좌초했다.
2. 선체 주위를 측심하여 우현 선미가 수심 5m의 모래바닥에 얹혀있음을 알았다.

5. The port bow of M.S.'Little Bear' came into collision with our starboard quarter.
6. M.S.'Little Bear' struck our stem with her port side amidships, causing extensive damage to us.
7. Our starboard quater was struck by M.S.'Great Bear' which was attempting to overtake us.
8. If caused dent(about 20cm square by 2cm deep) in starboard (strake between frames Nos.5 & 8.)
9. Immediately dropped port anchor & took bearings of land marks.
10. Sounded ship fore & aft and found her making no water.
11. Communicated each other with'Great Bear' about necessary matters.
12. Confirmed seaworthiness of the said ship & continued our voyage.

§5. Stranding or Grounding

암초에 얹히다	run upon a sunken rock
여울에 얹히다	run aground on shoal
이초(離礁)하다	get off the rock(reef), refloat
이초시키다	get ship off the rock, refloat
좌초시키다	get her run on shore

1. Ship was stranded on uncharted shoal lied about 18 miles west-southwest ward of Jeju Is.
2. Sounded sea bottom around her & found that ship grounded on sandy ground, 5m of depth, on her starboard stern.

3. 구명정 2척을 내리고 양현 닻과 닻줄을 반출했다.
4. 밸러스트 워터 400톤을 버렸다.
5. 양현 닻을 감아들이고 동시에 전진미속으로 했다.
6. 선체는 안전하게 떠올랐다.
7. 도선사 임씨의 지휘로 울산을 향하여 진항 중 울기 등대가 345°, 2.2′로 보이는 지점에서 여울에 좌초했다.
8. 낙조시에 선체를 회두(回頭)하고 있는 동안 김해 해안에 얹혔다.
9. 빌지와 탱크를 측심하여 정상임을 알았다.
10. 외관상 손상 없이 자력으로 창조시에 떠올랐다.
11. 잠수부에게 선저를 조사하게 하여 손상이 없음을 알았다.
12. 늑골번호 12호와 15호 사이의 빌지 키일과 우현 C외판에 가벼운 굴곡을 발견했다.
13. 선체를 가볍게 하기 위하여 적하물과 연료의 양하를 개시했다.
14. 케지 앵커를 감아들이면서 기관을 여러가지로 사용하여 본선을 이초시켰다.
15. 대강풍에 의하여 선체가 바위 위에 얹혀질 위험이 있었으므로 해안에 얹었다. (북위 10°-20′, 서경 150°-13′)

§6. 침수

누설(漏洩)	leak, leakage
침수하다	make water, leak

3. Lowered 2 life boats & made them run both bower anchors & cables out.
4. Discharged 400 tons of ballast water.
5. Hove in both cables & at the same time slow ahead engine.
6. Ship refloated safely,
7. Whilst proceeding towards Ulsan in charge of Mr. D. Im, ran aground on shoal, with Ulgi L.H. bearing 〈345〉, 2.2′off.
8. Grounded at Kimhae beach whilst swinging her on ebb tide.
9. Bilges & tanks sounded & found normal.
10. Floated on flood tide without assistance apparently undamaged.
11. Had diver inspect her bottom & found no damage.
12. Found slight bend on bilge keel & starboard C strake between frames Nos. 12 & 15.
13. Commenced discharging cargo & fuel oil to lighten her.
14. Got her off the reef by using engine variously, heaving in kedge anchor.
15. Got her beached, ship being in danger of striking on a rock with strong gale.(Lat 10°-20′N, Lorg 50°-31′W)

§6. Flooding

침수로 자유를 잃다	be water-logged
누설개소에 달하다	get at the leak

방수부서[에 배치하다]	station for preventing leakage
누설개소	leak,
누설개소가 생기다	spring a leak

1. 빌지를 측심하여 2호 선창에 침수하고 있음을 알았다.
2. 목공(船匠)이 2호 선창 안에 누수가 3미터임을 보고했다.
3. 총원을 방수부서로 배치했다.
4. 2호 선창 안에 시간당 80센티 침수하고 있으므로 삼척을 향하여 선수를 돌렸다.
5. 보조 밸러스트 펌프와 빌지 펌프로 배수를 시작했다.
6. 누설개소를 발견하려고 했으나 그 원인이 되는 것은 아무것도 발견되지 않았다.
7. 누설개소를 조사하기 위하여 2호 선창 중갑판의 화물을 상갑판으로 옮기기 시작했다.
8. 2호 선창 중갑판 우현 재화문(載貨門)이 잘못 닫혀서 이것이 누수의 원인임을 발견했다.
9. 침수의 원인이 리벳이 느슨한 데 있음을 알았다.
10. 시멘트 박스로 누설을 막았다.(줄였다.)
11. 침수가 1시간당 1cm 감소하였으므로 본선을 돌려 홍콩으로 항해를 계속했다.
12. [방수]부서를 해제했다.
13. 침몰의 우려가 있어 소리도 등대를 171°, 2.8′로 바라보고 육안에 선체를 얹었다.
14. 선장은 승무원에게 갑판하물을 바다에 던지도록 명령했다.
15. 배를 포기할 것을 결정하여 총원을 퇴선 시켰다.

누설을 막다	stop the leak
누설이 증가하다	leak gains
선박을 포기하다	abandon ship

1. Found No.2 hold making water by sounding bilges.
2. Carpenter reported 3 meters of leakage in No.2 hold.
3. Stationed all hands for preventing leakage.
4. Ship making 80cm of water per hour in No.2 hold, turned her round to head for Samcheok.
5. Commenced pumping out water with donkey ballast pump & bilge pump.
6. Tried to find the leak, but could find nothing to account for it.
7. Started to shift cargo in No.2 tween deck to upper deck to examine leak.
8. Found that No.2 tween deck starboard cargo port badly closed, which caused the leak.
9. Found the leak being due to some slack rivets.
10. Stopped(Reduced) the leak with cement box.
11. The leak decreasing to 1cm per hour, turned her round & proceeded on voyage to Hongkong.
12. Dismissed the station[for preventing leakage].
13. Her foundering being possible, got her beached with Sorido L.H. bearing〈171〉 2.8′off.
14. Captain ordered the crew to jettison the deck cargo.
15. Decided to abandon ship & got all hands to leave her.

§7. 화재

화재가 발생하다	fire breaks out, fire occurs
소화하다	extinguish fire
소화작업(消火作業)	fire-extinguishing work
불에 타다	be burnt down by fire
화재근원	the origin of fire

1. 5호 선창에서 화재가 발생했다.
2. 총원을 방화부서에 배치했다.
3. 화재근원은 5호 선창 후부 우현측에 있었다.
4. 즉시 주수(注水)를 개시했다.
5. 소화장치를 발동하여 소화에 힘썼다.
6. 소화했다.
7. 화재원인과 손해정도는 아직 불명이다.
8. 3호 선창으로부터 연기나는 것을 발견했다.
9. 그 부분의 갑판의 열로부터 3호 중갑판 전부 좌현측이 화재장소임 찾아냈다.
10. 그 장소로 증기와 해수를 보내기 시작했다.
11. 그 선창을 물로 채웠다.
12. 주수하여 소화시키기 위하여 해치를 열었다.
13. 그 선창의 우현 중갑판에 적재된 삼(大麻)의 몇 꾸러미로부터 불이 났다.
14. 중갑판에 있는 대부분의 삼은 해수주입에 의하여 손해를 받았는지 모른다.

§7. Fire

소화하다	fire was put out, fire was put under control
불이 번질 듯하다	fire threatens to spread
불이 약해지고 있다	fire spending itself
불은 ~에서 일어났다	caused the fire

1. Fire broke out in No.5 hold.
2. Stationed all hands for fire fighting.
3. The origin of the fire located at starboard side of after part in No.5 hold.
4. Immediately commenced pouring water.
5. Started fire-extinguishing apparatus & fought the fire.
6. The fire extinguished. The fire put out.
7. The cause of the fire & the extent of damage are still unknown.
8. Discovered smoke coming out of No.3 hold.
9. Located the seat of the fire at port side fore part of No.3 tween deck, by feeling the heat of deck plating at the part.
10. Started sending steam & sea water into the space.
11. Flooded the said hold with water.
12. Opened the hatch to extinguish the fire by pouring of water.
13. Some bales of hemp stowed in tween deck starboard side of the hold caught fire.
14. Nearly all hemp bales in tween deck might be damaged by pouring sea water.

15. 선체에는 별다른 손해가 없는 것처럼 보인다.
16. 화재 탐지기의 경보에 의하여 5호 선창의 화재를 발견했다.
17. 갑판부원 1명에게 송풍식 호흡구(送風式呼吸具)와 구명색을 장착시켜 화재근원을 조사시켰으나 엄청난 연기 때문에 화재근원을 확인할 수 없었다.
18. 5호 선창에 있는 모든 통풍통과 일체의 개구를 닫고 덮어씌웠다.
19. 즉각 항만당국에 화재를 통보하고 소화작업에 대한 그들의 신속한 협조를 요구했다.
    동시에 기적으로 장음 5회를 반복하여 화재경보를 울렸다.
20. 시 소방대가 도착하고 소화작업에 참가했다.
21. 소방정(消防艇)이 접현하여 호스로 주수했다.
22. 야간당직을 제외하고 방화부서를 해제했다.

§8. 황천손상

해수가 갑판을 넘치다	seas flood deck
해수가 선미를 잠기다	seas dip stern
~가 떠내려갔다	washed away
~을 휩쓸어 갔다	carried away
~ 부서졌다	broken
~ 박살났다	smashed

1. 좌현 선미에 큰 파도가 쳐 올랐다. 그 때문에 1호 및 3호 구명정이 파손되는 피해를 받았다.

15. Hull structure seemed to sustain very little damage.
16. Found fire in No.5 hold by the alarm of fire detector.
17. Made one of sailors with air line mask & life line enter into the hold to find out the origin of fire, but could not find it because of volumes of smoke.
18. All ventilators & all kinds of opening installed at No.5 hold, closed & covered.
19. Reported the fire to the port authority without loss of time & requested their prompt cooperation in fire-fighting.
    At the same time sounded 5 prolonged blasts of fire warning repeatedly.
20. Fire brigade came to ship & joined with our fire- fighting operation.
21. Fire-boat came alongside & hosed water.
22. Dismissed the station for fighting fire except night watchman.

§8. Damage by Rough Weather

그것이 원인으로 다음 손해를 입었다.	it caused damage as follows:
화물이 굴러 떨어졌다	cargo tumbled down
화물이 느슨해 졌다	cargo slackened
갑판이 움푹 파였다	deck plate indented
못이 느슨해 졌다	rivet started(slackened)

1. Shipped heavy seas over port quarter, which caused damages of smashing Nos.1 & 3 life beats.

2. 맹렬한 강풍과 큰 파도, 선체는 격심하게 동요하고 있으며 선수미 갑판에 위험한 파도가 쳐 올라가고 있다. 이것이 원인으로 선미루 갑판의 야채상이 휩쓸려가고 채광창 유리가 깨어지며 선수루 갑판의 통풍통이 잡아 째어지는 손해가 일어났다.
3. 선체는 노도(怒濤)로 인하여 격렬하게 동요하고 긴장하고 있다. 큰 파도가 울부짖으며 갑판 위로 돌진하여 3호선 창의 양하기를 분쇄했다.
4. 5호 선창 우현 갑판상의 드럼통 5개가 큰 파도로 느슨해졌다. 이들을 고박하기(단단히 묶어두기) 위하여 130°로 변침하고 기관회전을 100으로 올렸다.
5. 폭풍이 부는 동안 선체의 격동과 연속적인 갑판상의 홍수때문에 적하에 어떤 손해가 있을지 알 수 없다.
6. 갑판 적화물을 고박하기 위한 보조색구를 더 치기 시작했다.
7. 어구의 유실방지를 위한 작업을 했다.

§9. 작업사고

을 파손했다	broke∽
이 손상을 받았다	was(were) damaged∽
~ 정도로	such an extent that∽
하고 있는 동안	while ∽ing, during the~
미끄러 떨어지다	slip down
큰 균열	big crack
누손(漏損)	wet damage

1. 2호 선창으로부터 양하 중 카고 후크의 하나가 목제 난간에 걸렸다. 그리고 그것이 약 3피트 파손되었다.

2. Heavy gale & tremendous sea. Ship labouring & tossing heavily & shipping dangerous seas on fore & aft decks. It caused damage of carrying away vegetable box on poop deck, smashing sky-light glass & tearing away ventilator on forecastle deck.
3. Ship toiling & straining violently in tumbling sea. Tremendous seas rushed in a roar on deck & crushed winch on No.3 hatch port side.
4. Five drums on deck at No.5 hatch starboard side became slack by tremendous seas. A/co to 〈130〉 for securing them & put engine revolution up to 100.
5. Some damages to the stowed cargo might be expected on account of violent straining of ship & continuous flooding of decks during the storm.
6. Commenced applying preventers to lashing of deck cargo.
7. Worked for preventing fishing gears from being washed away.

§9. Accidents in Working

선창(부선)으로 떨어졌다	fell into hold(barge)
바다(현외)로 떨어지다	fall overboard
우연히·잘못하여	accidentally
부주의하게	carelessly
의 부주의로	through carelessness of∽
에 손상의 책임을 지게 하다	let∽hold(take) liable for the damage

1. While discharging cargo from No.2 hatch, one of cargo hook caught on wooden hand rail, breaking the same about 3 feet.

2. 적하작업 중 하역인부측의 과실로 3호 선창 우현측 정횡의 목제 난간의 일부(재료 티크, 길이 약 11피트 6인 치) 및 그 지주가 파손되었다.
3. 3호 선창으로부터 양하 중 담뱃대형 통풍통의 하나가 주석판을 실은 한 뭉치의 짐의 진동타격에 의하여 전혀 쓰지 못할 정도로 손상을 받았다.
4. 하역업자의 부선 '홍장미'호가 본선으로 착현하는 동안에 본선 현측 사다리에 강하게 부딛혀서 주심재(主心材)에 큰 균열을 생기게 했다.
5. 갑판원이 1호 선창의 해치 커버를 벗기고 있는 동안 해치 빔 하나가 하창(下倉)에 떨어져 깔개판을 꿰뚫어서 탱크 정판을 약 3인치 평방으로 1/2인치 깊이가 되게 움푹 패게 했다.
6. 갑판원이 4호 선창에서 적하역을 위하여 용구를 준비하고 있는 동안 토핑 리프트 와이어가 부주의하게 놓여졌다. 그 결과 데릭이 갑판에 떨어져서 둘로 부러졌다.
7. 윈치맨의 잘못한 조작 때문에 부당한 장력에 의하여 데릭의 가이가 절단되었으므로 3호 선창 좌현의 데릭이 우현으로 빙 돌아 마스트와 격렬하게 부딪혀서 탁하고 꺾였다.
8. 적하작업 중 솜 한 상자가 인부의 부주의 탓으로 링으로부터 선외로 미끄러져 떨어졌다. 즉시 그것을 끌어 올렸으나 해수에 의한 누손으로 인하여 육상으로 반송했다.

2. Part of wooden hand rail(material teak, length about 11′-6″), & its stanchion abreast of No.3 hatch starboard side, were broken through the fault of the stevedore's hand during loading operation.
3. While discharging cargo from No.3 hatch, one cowl head ventilator was damaged to such an extent that it became completely useless, by a swing blow of one sling load of slab tins.
4. While coming alongside of our ship, the stevedore's launch 'Hongjangmi-ho' knocked heavily our accommodation ladder, causing a big crack to the mainpiece.
5. While hands taking off hatch cover at No.1 hatch, one of shifting beams droped into lower hold & dented tank top plate about 3 inches square by 1/2 inch deep, penetrating bottom board.
6. While hands were getting cargo gear ready for loading at No.4 hatch, a topping lift wire was carelessly let go, with the result that port derrick boom fell down on deck & was broken in two.
7. The derrick guy parting under undue strain owing to the mishandling of winchman, the derrick boom at No.3 hatch port side swung to starboard & came in violent contact with mast & was snapped off.
8. During loading operation, one case of cotton goods slipped overboard out of sling through the carelessness of stevedores.

   Picked it up at once but sent it back ashore owing to wet damage by sea water.

9. 갑판원 이몽룡 3호 하부선창에서 왼발을 골절(骨折)했으므로 즉시 육상으로 보냈다.
10. 갑판원 이몽룡은 해치 커버 개방에 종사하고 있을 때에 중갑판으로부터 4호 하부선창으로 잘못하여 떨어졌다.
11. 1호 선창에서 양하역에 종사하고 있던 한 인부가 워치맨으로서 당직 중이던 본선 갑판원 이몽룡을 갈고리로 상처를 입혔다.
12. 양승 중 갑판원 이몽룡이 양승기에 감겨서 집게손가락이 끊어졌다.
13. 투망 중 실습생 변학도가 그물에 발이 걸려 넘어져서 바다로 던져졌다.

§10. 인명구조

인명구조	rescue of life
구조하다	rescue, save, relieve
구조작업	rescue work
해난구조(선)	salvage(boat)
구조하다	salvage
신호를 보이다	display signal
항해를 계속했다	resumed voyage

1. 북위 29°-31′, 동경 137°-26′에 있는 선박으로부터 무선 조난신호를 받았다.
2. 본선으로부터 130°, 거리 약 30′에서 로케트에 의한 조난신호를 발견했다.
3. 325°로 변침하고 동선의 구조를 위하여 항진했다.

9. Mongryong Rhee, sailor, his left leg being fractured at No.3 lower hold, was sent ashore at onece.
10. Sailor, Mongryong Rhee, accidentally fell into No.4 lower hold from tween deck, while engaged in opening. hatch cover.
11. A laborer engaged in discharging cargo at No.1 hatch, wounded with hand hook, our sailor, Mongryong Rhee, who was on duty as watchman.
12. While taking in long lines, Mongryong Rhee, sailor, got his forefinger cut off, being caught in line hauler.
13. While setting net, Hakdo Byeon, apprentice officer, got his leg tripped up by net & was thrown overboard.

§10. Rescue of Life

조난신호	distress signal, signal of distress
조난통보	distress message
조난선	distressed ship, ship in distress
조난하고 있다	be in distress
타선의 구조를 구하다	require rescure from other ship.
원침로로 돌리다	resume course
수상경찰(水上警察)	water police

1. Received the radio distress signal from ship in Lat 29°-31′N, Long 137°-26′E.
2. Observed a distress [signal by] rocket bearing 〈130〉, about 30′distant from us.
3. Altered her course to 〈325〉 & proceeded to the assistance of the said ship.

4. 조난선 부근의 타선으로부터 본선은 구조하러 올 필요가 없 다는 통보를 받았으므로 본선은 원침로로 돌렸다.
5. 구명정 강하준비를 위하여 총원을 갑판으로 소집했다.
6. 동선에 접근하여 승무원의 구조작업을 개시했다.
7. 동선의 모든 승무원과 중요물품의 구출을 완료하고 항해를 계속했다.
8. 한 어부가 본선 정선수를 헤엄치며 본선의 구조를 구하고 있는 것을 발견했다.
9. 구명색이 달린 구명부표로 무사히 그를 갑판 위로 끌어 올리는데 성공했다.
10. 그 어부를 수상경찰에 인계했다.

제 7장 일반사항

§1. 휴일 · 의식 및 선식

휴업했다	kept holiday, no work aboard
선식을 했다	dressed ship
만선식(滿船飾)을 했다	dressed ship in full, decorated ship in full dress
의식을 거행했다	salutation ceremony was held
적도제(赤道祭)를 거행했다	neptune's revel was held. enjoyed neptune's revel
을 축하하여	in honor of ~
을 기념하여	in memory of ~
제전·축하·거식	celebration

4. As another ship nearer to the distressed ship informed us that we had no need to come to her assistance, resumed our course.
5. Called all hands on deck to stand by life boat for lowering.
6. Approaching the said ship, commenced rescue work for the crew.
7. Completed saving & carrying out all crew & important articles(matters) & resumed our voyage.
8. Observed a fisher man swimming right ahead & calling for our help.
9. Succeeded in picking him up on deck safely with a life line & buoy.
10. Handed over the fisherman to the water-police.

PART 7. Generals

§1. Holidays, etc

의식·예식	ceremony
설날·신정	New year's Day
식목일	Arbor Day
어린이날	Children's Day
독립 기념일	Independence Day
제헌절	Constitution Day
추석	Mid-autumn Festival
노동절	Labour Day
자오선 통과일	Meridian Day
일부 변경선	Date Line

1. 일요일이므로 오늘 휴업했다.
2. 상동
3. 토요일이므로 오늘 반일 휴업했다.
4. 독립 기념일(광복절)을 축하하여 만선식을 했다.
5. 제헌절이므로 선식을 했다.
6. 상동
7. 총원을 갑판에 소집하고 신정을 축하했다.
8. 신정이므로 의식을 거행했다.
9. 총원 동복을 착용하여 선미루 갑판에 집합하고 신정을 축하했다.
10. 일반공개(一般公開)하고 과업은 휴업 했다.
11. 대통령의 서거를 애도하고 반기(半旗)를 게양하여 조의를 나타내었다.
12. 상동
13. 적도제로 인하여 선내휴업으로 했다.
14. 적도통과로 갑판원은 휴일을 즐겼다.
15. 총원 자오선 통과일을 즐겼다.

§2. 질병 및 사망

[기입해야 할 사항]

1. 중환자·전염병 환자 및 사망자의 성명
2. 직명·병명 또는 사인(死因)
3. 처치
4. 기타

1. Being Sunday, no work today.
2. Being Sunday, kept holiday on board.
3. Being Saturday, kept half holiday today.
4. Dressed ship in full in honour(celebration) of Independence Day.
5. Dressed ship for Constitution Day.
6. Dressed her with masthead flags for Constitution Day.
7. Mustered all hands on deck & celebrated New Year's Day.
8. Being New Year's Day, celebration ceremony was held.
9. Mustered all hands on the poop deck in black uniform & honoured New Year's Day.
10. Opened to the public, kept no work aboard.
11. Flags at half mast in mourning for the death of the President.
12. Hoisted flags at half mast in condolence of the President's death.
13. Kept no work on board owing to the Neptune's revel.
14. Hands enjoyed holiday for passing the line.
15. All hands enjoyed Meridian Day.

§2. Desease and Death

A씨의 질병이 ~(병명)이라고 판명되었다.	Found the desease of Mr. A~
~(병명)에 걸렸다	had~, caught~
~(병명)으로 사망했다	died of~
수장(水葬)했다	buried at sea, committed the body to the deep

의 서거를 애도하여	in condolence on the death of, in mourning for the death of
경야(經夜. 밤샘)을 했다	waked, woke, kept vigil
반기를 게양했다	hoisted(displayed, hung) flag at half-mast, hoisted flag at the dip

1. 조리원 김묵돌의 질병이 티푸스로 판명되어 환자를 선내 병실에 격리했다.
2. 갑판원 변학도가 맹장염(盲腸炎)에 걸렸다.
3. 상기 환자를 육상 병원으로 이송하기 위하여 160°로 변침하여 마닐라로 향했다.
4. 기관원 배차돌씨가 심장병(心臟病)으로 사망했다.
5. 기관을 정지하고 시체를 북위 20°-30′, 동경 131°-50′ 인 해상에서 수장했다. 그 동안 1장성을 울렸다.
6. 그의 사망을 애도하여 반기를 게양했다.
7. 검시관이 승선하여 검시했다.

§3. 선내점검 및 순검

[기입해야 할 사항]

1. 점검 또는 순검한 시각
2. 점검의 종류(선장 점검·1항사 점검 등)
3. 점검 또는 순검의 결과(이상 유무)

(주) 선박에서는 선체·속구·화물 등에 대하여 매일 정기적(정박 중 : 1200 및 2000, 항해 중 : 당직 교체시)으로 순시하여 이상유무를 확인하며 감항성의 유지, 선내 정리·정돈의 유지 및 해난방지 등에 진력하고 있다. 이러한 순시를 순검(巡檢. Making round)이라고 부른다.

적시 또는 매월 1회 등의 정기적인 간격으로 선내의 청소

시체(屍體)	corpse
1장성(一長聲)	a long blast
검시관(檢屍官)	coroner

1. Found the disease of steward, Mukdol Kim, typhus & isolated the patient into ship's hospital.
2. Hakdo Byeon, sailor, had appendicitis.
3. Altered course to ⟨160⟩ & proceeded to Manila, for purpose of sending the above patient to shore hospital.
4. Mr. Chadol Bae, fireman, died of heart failure.
5. Stopped engine & buried the corpse at sea in Lat 20°-30′N, Long 130°-50′E, Blowing a long blast meanwhile.
6. Hoisted flag at half-mast in mourning for his death.
7. Ccroner boarded & examined the body.

§3. Rounds of Inspections

· 정돈, 위생, 안전, 하역장치, 구명기구, 설비, 수밀설비, 방화기구, 설비 등 어떤 특정한 목적으로 정비 상황을 검사하거나 밀항자 탐색 등을 위하여 선내를 순시하는 것을 점검(點檢, Inspection)이라고 부른다.

점검	inspection
점검하다	inspect
순검	rounds
순검하다	make rounds, go the rounds
이상 없다	all is well

이상 없음을 알았다	found O.K., found all well
밀항자(密航者)	stowaway

1. 선장의 점검을 실시했다.
2. 선장이 선내점검을 했다.
3. 1항사가 창고를 점검하여 이상이 없음을 알았다.
4. 밀항자 한 사람을 쌀 갑판장 창고 안에서 발견하고 1항사는 밀항자를 취조했다.
5. 밀항자 한 사람을 쌀 창고 안에서 발견하고 이것을 본사에 무전으로 보고했다.
6. 밀항자와 밀수품의 탐색(서어치)을 1항사에 의하여 실시되었으나 아무 것도 발견되지 않았다.
7. 선내를 순검한 바 이상 없었다.
8. 규칙의 등화가 엄격히 주의되었다.
9. 규칙의 등화가 밝게 비치고 있다.
10. 윈치·데릭 붐 및 기타 모든 하역장치의 안전을 위한 검사와 점검을 했다.
11. 갱웨이와 계류색을 순시하고 양호한 상태임을 알았다.
12. 상동
13. 현문당직을 엄격히 지켰다.

§4. 통풍 및 선창관리

[기입해야 할 사항]

1. 선창 내의 통풍·검온(檢温)·가스 검출(檢出) 등을 실시한 시각과 사실

밀수품(密輸品)	contraband goods, smuggled goods
수색(서치)하다	search

1. Commander's inspection[was] held.
2. Captain inspected all over the ship.
3. Chief officer inspected stores & found O.K.
4. Found a stowaway in boatswain's store & chief officer examined him.
5. Found a stowaway [in rice store] & reported this to head office by radio.
6. Search for stowaways & contraband goods carried out by chief officer & nothing found.
7. Rounds made, all well.
8. Regulation lights strictly attenden to.
9. Regulation light burning well brightly.
10. Inspected & tested the cargo winches, the derrick booms & all other cargo gears for safety.
11. Inspected gangway & mooring lines & found in good order & condition.
12. Rounds of inspection made, lines & gangway tended all well about ship.
13. Kept gangway watch strictly.

§4. Ventilations and Managements of Holds

2. 카고 케어의 작동·개시·종료의 시각
3. 빌지의 이상 및 배출
4. 출항 전 빌지 펌프의 테스트

통풍통을 풍하(상)으로 돌리다	turn ventilator from(to) the wind
통풍통을 조정하다	trim ventilator
통풍하다. 환기하다	ventilate
카고 케어를 운전하다	work cargo-care

1. 통풍을 위하여 모든 해치의 전후단 해치보드를 개방했다.
2. 모든 해치를 닫고 배튼 다운했다.
3. 2호 및 3호 해치에 기계통풍(機械通風)을 개시했다.
4. 오늘의 기계통풍을 중지했다.
5. 2호·3호 및 5호 해치의 카고 케어의 운전을 시작했다.
6. 카고 케어의 운전을 중지했다.
7. 5호 해치의 가스 검출을 실시했던 바 이상 없었다.
8. 2호 해치의 빌지가 증가하고 있음을 발견하고 주의깊게 그 원인을 조사했다. 빌지를 배출했다.
9. 빌지 펌프를 테스트하고 이상 없음을 알았다.
10. 모든 빌지 펌프를 시동하고 녹과 습기와 기타 원인으로부터 기능저하를 방지하기 위하여 점검했다.

§5. 해난보고

[기입해야 할 사항]

1. 해난보고를 한 시각과 사실의 전말
2. 해난보고의 대상 또는 이유

~에 대하여 해난보고하다	note protest against~
항해 중	at sea, on the voyage
~로부터 ~까지의 도중	enroute from~ to~

가스 검출을 하다	test gas, conduct (carry out) gas detection
검온하다	take temperature
빌지가 이상적으로 증대했다	bilge increased abnormally

1. Opened fore & aft end hatch boards of all hatches for ventilation.
2. Closed & battened down all hatches.
3. Started mechanical ventilation in Nos. 2 & 3 hatches.
4. Stopped mechanical ventilation for the day.
5. Started working of cargo-care in Nos. 2,3 & 5 hatches.
6. Stopped working of cargo-care.
7. Carr'ed out gas detections(Tested gas) in No.5 hatch & found well.
8. Found bilge in No.2 hatch increasing & examined its cause carefully. Pumped out bilge.
9. Tested bilge pumps & found O.K.
10. Started all bilge pumps & inspected them to prevent deterioration from rust, damp or other causes.

§5. Sea Protest

대사관(大使館)	embassy
총영사관(總領事館)	consulate-general
영사관(領事館)	consulate
공증인(公證人)사무소	the office of notary public
해운관청(海運官廳)	maritime bureau, marine office
해난(海難)	sea casualty, marine disaster
사고(事故)	accident

1. 부산으로부터 포트 사이드까지의 도중 황천에 대하여 봄베이 주재 한국영사 앞으로 해난보고를 했다.
2. 기선'빅토리아'호와의 충돌에 관하여 마산 해운국 충무 출장소장 앞에 해난보고를 했다.
3. Z 도크에서 발견된 외판 및 프로펠러의 손상에 대하여 X해운 국장에게 해난보고를 했다.
4. 장생포항 입구에서의 해저접촉에 대하여 해난보고를 했다.
5. 포항항에서 기선'실버 스타'호와의 접촉에 관하여…….
6. 목포항에서 안벽과 가볍게 접촉한 선미의 손상에 대하여…….
7. 부산으로부터 사모아로의 도중에 느낀 충격에 대하여…….

§6. 탈선 · 출산

[기입해야 할 사항]

1. 탈선자 발생을 안 시각·사실
2. 탈선자 성명
3. 출산시각(한국인인 경우 한국시간의 일시도 기재)·사실
4. 모친의 성명과 선객의 등급

1. 갑판원 김일남의 탈선을 알았다.
2. 출항 직전 기관원 박이남이 탈선했다.
3. 조기수 조삼남이 상륙하고 출항까지 귀선하지 않았다.
4. 갑판원 장사남이 야간당직 중 도주했다.
5. 3등 선객 이수미 여사는 북위 21°-20′, 동경 142°-10′에서 여아를 무사히 분만했다.
6. 이수미(이태백 부인, 2등 선객)이 남위 20°-00′, 서경 150°-20′에서 남아를 출산했다. (한국 표준시 2023년 10월 8일 1010).

1. Noted protest before Korean consul at Bombay against the heavy weather enroute from Busan to Port Said.
2. Noted protest before Chief of Chungmu Branch of Masan Maritime Bureau against the collision with M.S.'Victoria'.
3. Noted protest before chief of'X' Maritime Bureau against the damage to shell plating & propeller found in Z Dock.
4. Noted protest against the bottom touch at the entrance of Jangsaengpo harbour.
5. …against the contact with M.V.'Silver Star' at Pohang.
6. …against the damage to her stern by slightly touching pier at Mokpo.
7. …against the shock felt enroute from Busan to Samoa.

§6. Desertion, Birth

1. Found Ilnam Kim, sailor, deserted from ship.
2. Just before ship's leaving, wiper, Inam Park by name, deserted from the ship.
3. Samnam Jo, oiler, went ashore & failed to return until ship sailed.
4. Sanam Jang, sailor, escaped during his night watch.
5. Third class passenger Mrs. Sumi Rhee gave birth safely to a baby girl in Lat 21°-20′N, Long 142°-10′E.
6. Sumi Rhee(Mrs. Taebaek Rhee, second class passenger) gave birth to a baby boy in Lat 20°-00′S, Long 150°-20′ W.(K.S.T. 1010 8th Oct. 2023).

제 8장 야간 명령부

§1. 당직 항해사 수칙

야간 명령부(Night Order Book)는 항해 중 선장이 취침하기 전에 야간 항해 당직자에게 침로·속력·기타 당직 중의 제 주의·명령 등을 기입하여 이를 확실히 수행케 하는 것으로서 당직자는 당직에 임하기 전에 이를 읽고 내용을 확실히 파악하여 서명한다.

복무수칙(服務守則)

Ⅰ. 야간 명령부는 선교(船橋) 또는 해도실(海圖室)에 비치하고 선박운항(船舶運航)을 맡은 당직 항해사에 대하여 침로(針路)·속력(速力)·기타 필요한 지시가 선장에 의하여 기입되어야 한다.
당직 항해사는 당직에 임하기 전에 야간 명령부의 전기 기입 내용을 읽고 이에 서명(署名)해야 한다.

Ⅱ. 당직 항해사는 선장 또는 기타 책임 있는 사관과 교대하지 않는 한 선교에 남아 있어야 하며 여기서 떠나지 못 한다.

Ⅲ. 당직 항해사는 항상 선박항행에 주의하고 사주(四周)의 상황이 허락하는 한 선위(船位)를 확인해야 한다.

PART 8. Night Order Boo.

§1. Standing Orders for Bridge watch officer

야간 명령부의 초두에는 수칙(Staing order)이 인쇄되어 있다. 이는 통상 준수되어야 할 사항으로서 회사마다 상이하나 예로서 다음과 같은 것이 있다.

Standing Rules

Ⅰ. The Order Book shall be kept on the bridge or in the chart room and in it shall be written by the Commander the course, the speed and all other necessary instructions to the Officer on Watch for the navigation of the vessel.
The officer on watch, before going on duty, shall read the aforesaid entries in the Order Book and shall affix his signature there to.

Ⅱ. The officer on watch shall remain on the bridge and must not leave it, unless he is relieved by the Commander or another responsible officer.

Ⅲ. The officer on watch should always pay attention to the navigation of the ship and, whenever the circumstances warrant, shall ascertain the ship's position.

Ⅳ. 당직 항해사는 스스로도 엄격히 견시(見視)를 하고 또한 견시원이 소정 위치에서 항상 엄격한 견시를 하도록 감독해야 한다.

쌍안경(雙眼鏡)은 견시를 위하여 주야로 사용해야 한다.

육안(陸岸)에 가까운 장소, 내해(內海), 협수도(狹水道) 항해 시 · 천후(天候)가 농밀한 경우 당직 항해사는 특별히 조심하여 주의깊은 당직을 해야 한다.

Ⅴ. 당직 항해사는 부하를 지휘·감독하고 선장 또는 도선사(導船士)의 명령을 정확히 수행하도록 주의해야 한다.

Ⅵ. 선박의 침로는 기준 나침의(基準羅針儀)에 의하여 설정해야 한다.

당직 항해사는 정침(定針) 또는 변침(變針)할 때 침로가 나침의와 합치하여 정침 또는 변침되었는지를 확인하고 선교에 있는 흑판에 침로를 지시하며 선장에게 이를 보고해야 한다. 자기(磁氣) 나침의에 의하여 정침 또는 변침했을 때는 자차측정(自差測定)을 게을리 해서는 안 된다.

전륜(轉輪)의 나침의에 의하여 정침 또는 변침했을 때는 당직 항해사는 자기 나침의와 비교하고 각각의 침로를 선교의 흑판에 지시하며 이를 선장에게 보고해야 한다.

전륜 나침의의 오차(誤差)는 어떠한 기회도 포착하여 측정해야 한다.

Ⅶ. 당직 항해사는 특별히 명령된 이외에는 변침하지 못한다.

Ⅳ. The officer on watch should keep a sharp lookout himself and at the same time should see that a lookout man is stationed at a fixed place and that a sharp lookout is always kept.

Binoculars shall be used day and night for lookout.

When navigating in the vicinity of land, in an inland sea or in narrow water or when the weather in thick, the officer on watch should keep a vigilant watch with special caution.

Ⅴ. The officer on watch should direct and supervise his subordinates and must be careful to carry out exactly the Commander's or pilot's orders.

Ⅵ. The course of the vessel shall be set by the standard compass. When the course is set or altered, the officer on Watch must see that the course is set or altered accord with the Compass and show it on the blackboard fixed on the bridge, and then he shall report it to the Commander. When the course is set or altered by the Magnetic Compass, observation of the deviation should not be neglected.

Whenever the course is set or altered by the Gyro Compass, the officer on Watch must compare it with the course by the Magnetic Compass, and show these courses respectively on the black-board on the bridge, and then report them to the Commander.

The error of the Gyro Compass must be observed taking any opportunity.

Ⅶ. The Officer on Watch must not alter the course unless he is specially ordered to do so.

그러나 선장의 명령을 대기할 여유가 없는 긴급시에는 당직 항해사는 해상충돌 예방규칙(海上衝突豫防規則)에 따라 침로신호 (針路信號)를 울리거나, 변침하거나 기관을 정지(停止) 또는 반전(反轉)하거나, 기타 위급사태(危急事態)에 적합한 방법을 취해야 한다.

상기한 처치(處置)를 취했을 때에는 당직 항해사는 즉시 그 사실을 선장에게 보고해야 한다.

Ⅷ. 당직 항해사는 항상 선박의 조타(操舵)에 주의를 기울이고 조타를 맡은 조타수의 교대시에는 조타해야 할 침로가 정확히 전달되었는지를 감독해야 한다.

Ⅸ. 당직 항해사는 항해등이 명료하게 점등(點燈)되어 있는지를 확인함과 동시에 적어도 30분마다 견시원이 항해등의 현상을 보고하도록 감독해야 한다.

당직 항해사는 접근하여 오는 선박이 있을 때에는 언제든지 스스로 항해등에 유의해야 한다.

Ⅹ. 당직 교대시 당직 항해사는 교대자(交代者)에게 선박의 침로 · 속력 · 선위 등을 통보하며 당직 중 선장으로부터 받은 모든 명령을 인계해야 한다.

비직(非直)으로 되는 항해사는 선박을 순시(巡視)하여 모든 상태가 양호함을 확인하고 항해일지에 적절히 기입해야한다.

선내 순시 시에는 화재발생의 원인이 되는 것이 없음을 확인하고 특별한 주의를 기울여야 한다.

Nevertheless, under urgent circumstances, when there is no time wait for the Commander's order, the Officer on watch should, according to the rule of the road, make a sound signal, change the vessel's course, stop or reverse her engine or engines, or take other suitable measures to meet the emergency.

When the above steps have been taken, the officer on watch shall at once report the fact to the Commander.

Ⅷ. The Officer on Watch must always pay attention to the steering of the vessel, and when a quartermaster at the wheel is to be relieved by another, the officer on Watch must see whether or not the retiring quartermaster correctly inform his relief of the course to be steered.

Ⅸ. The Officer on Watch must be certain that the regulation lights are burning brightly and should see that the lookout man reports the actual condition of such lights at least every half an hour.

When there is an approaching vessel the officer on watch should personally attend to the regulation lights.

Ⅹ. When the officer on Watch is to be relieved by another, he shall inform his relief of the course, speed, position, etc. of the vessel, and pass on all orders received by him from the Commander during his watch.

An Officer going off watch shall look round the vessel and see that every thing is in good order and make an entry accordingly in the Log Book.

When looking around the vessel, special care should be taken to see that there is nothing likely may cause fire.

XI. 다음과 같은 경우 당직 항해사는 선장의 명령을 받기 위하여 즉시 보고해야 한다.

1. 선박·등화 또는 육안·도서를 처음으로 시인(視認)했을 때
2. 천후(天候) · 풍향(風向) · 풍력(風力)에 현저한 변화가 일어 을 때
3. 조난(遭難) · 긴급(緊急) · 안전통신(安全通信)·항행경보(航行警報) · 기상통보(氣象通報) 등과 관련되는 무선전신(無線電信)을 수신했을 때
4. 침로상 또는 침로 부근에서 표류선(漂流船) · 유빙(遊氷) · 기타 장애물(障碍物)을 발견했을 때
5. 선박 또는 육안으로부터 신호(信號)가 있었을 때
6. 선체 또는 기관에 사고가 있었을 때, 또는 선속(船速)에 현저한 변화가 있었을 때
7. 기준 나침의에 자차의 변화가 관측된 때
8. 선위가 침로선 위를 벗어나고 있음이 관측되었거나 그러한 우려가 있을 때
9. 오수류(汚水溜)의 물이 증가하였음이 판명되었을 때
10. 기타 이상현상(異常現象)이 발생했을 때

§2. 기사 예문

1. 견시를 엄격히 하라.
2. 상동
3. 상동
4. 침로를 정확히 유지하고 있는지 주의하라.

XI. In any case of the following cases, the Officer on Watch shall also immediately report to the Commander for his order.

1. When any ship, light, or when appears to main land or island is first sighted.
2. When any remarkable change occurs in the weather, or in the direction or force of the wind.
3. When any wireless communication received concerning the distress, urgent, security, navigation warning, meteorological, etc.
4. When a derelict, floating ice, or any other obstacle is discovered on the vessel's course or close to it.
5. When a signal is observed from a vessel or ashore.
6. When any accident occurs to the hull or engines or when a remarkable change is observed in the ship's speed.
7. When changes in the deviation of the Standard Compass are observed.
8. When the ship's position is observed to be out of the course line or when there is a doubt of the same.
9. When any increase of water in the wells is observed.
10. When any other unusual phenomenon presents itself.

§2. Entries

1. Keep lookout carefully.
2. Keep your lookout stritly.
3. Keep a sharp(good, keen, bright strict, proper) lookout.
4. See that a good course is steered.

5. 상동
6. 주의 깊게 조타하라.
7. 상동
8. 상동
9. 상동
10. 침로는 기준 나침의로 N36°E
11. 상동
12. 침로는 전륜 나침의로 175도.
13. 조타에 주의하고 육안에 대하여 충분히 견시하라.
14. 항해등이 양호한 상태에 있도록 주의하라.
15. 상동
16. 상동
17. 통과하는(마주치는) 선박·어선·특히 무등화 어선에 주의하라.
18. 상동
19. 통과하는 선박은 충분히 멀리 떨어져라.
20. 상동
21. 상동
22. 상동
23. 근접해 오는 선박에 대하여는 나침방위를 주시하고 충돌의 우려를 확인하라.
24. 날씨(天候)가 변화하면 즉시 보고하라.
25. 상동
26. 상동
27. 상동
28. 풍향이 변화하고 풍력이 강해지면 알려라.

5. See that a good course(steering) is made.
6. Steer very carefully.
7. Watch the steering carefully.
8. Attend to the steering.
9. Steer with care.
10. Course N36°E by standard compass.
11. Co. by standard compass: N36°E
12. Co. by gyro compass:〈175〉
13. Watch steering & keep a sharp lookout for land.
14. See that all navigation(regulation, running) lights are burning brightly.
15. Keep all lights clear & in good condition.
16. Pay your proper attention to running lights.
17. Lookout for passing vessels and fishing boats, especially for fishing boat carrying no lights.
18. Lookout for passing steamers, sailing crafts and fishing boat, especially for fishing boats without lights.
19. Keep well clear of all passing vessels.
20. Avoid close quarters with other vessels.
21. Give a wide berth for passing vessels.
22. Give sufficient sea room for all vessels.
23. Ascertain the risk of collision by watching the compass bearing of an approaching ship.
24. Report me at once if the weather becomes thick.
25. Call me if there is any change in the weather.
26. Report me any change in the weather.
27. Let me know immediately if the weather is getting worse.
28. Let me know if the wind changes in the direction or increases its force.

29. 시계가 나빠지면 규정된 간격으로 기적을 울리고 보고하라.
30. x 등대의 등화를 초인하면 보고하라.
31. 상동
32. 필요하면 즉시 나를 깨워라.
33. 상동
34. 상동
35. 의심스럽거나 이변이 일어나거든 즉시 알려라.
36. 의심스러운 것이 있으면 언제든지 알려라.
37. 상동
38. 날씨가 허락하면 출몰 방위각을 구하고 자차를 측정 하라.
39. 자주 자이로 에러를 자기 나침의와 비교하고 검사하라.
40. 기선'고려호'를 견시하고 그가 보이면 보고하라.
41. '넵튠'등대의 등화가 보이면 보고하라.
42. '넵튠'등대와 정횡으로 된 때의 정횡거리를 보고하라.
43. 급박한 위험을 피하기 위하여 필요한 경우 즉시 속력을 감소하고 또는 기관정지 또는 반전을 하여 보고하라.
44. 충돌 또는 위험을 피하는 이외에는 선장의 명령없이 변침하지 말라.
45. 항정 지시기가 305마일을 지시하였을 때 135도로 변침하고 그 사실을 보고하라.
46. 정횡으로 된 때의 정횡거리와 통과시간 및 측정의의 마일 수를 보고하라.

29. When the visibility becomes poor, sound the whistle at regulated intervals and let me know it.
30. When you are in sight of x light, let me know it.
31. Report me if you make out x light.
32. Call me at once if necessary (you want).
33. Call me at any time if you required.
34. Call me at any time when you think my presence on the bridge is necessary.
35. Call me at once if you have doubt in your mind or unusual occurs.
36. Call me at anytime if you find anything to be doubtful.
37. Don't hesitate to call me up, whenever you had any doubt.
38. Take amplitude azimuth and find compass deviation if the weather permits.
39. Compare and check gyro error with magnetic compass at times.
40. Lookout for S/S 'KOREA', and let me know when she is seen(sighted).
41. Report me when you sighted Neptune Lt.
42. Report beam distance when Neptune Lt. Ho. is abeam.
43. In order to avoid immediate danger, slacken her speed or stop or reverse the engine at once, if necessary, and then call me.
44. Never alter her course without my order, except to avoid collision or danger.
45. Alter her course to 〈135°〉 when the distance recorder shows 305′, and report it to me.
46. Report me the distance off(off-distance, beam distance) the time passed and log indicated when abeam.

47. 0130에 N60°E로 변침하라.
48. 피코크 등화가 정횡으로 되었을 때 S60°W로 변침하라.
49. 측정의 시도 135′인 때 S60°W로 변침하라.
50. 지난 밤과 동일한 명령임.
51. 상동

§3. 야간 명령부의 각종 예문

1. 2023년 11월 11일 2000

북위 18°-23′, 동경 97°-11′

기준 나침의에 의한 침로 : S34°E 오차 12°E

견시를 엄격히 하라.

충분히 주의하여 조타하라.

모든 항해등이 양호한 상태에 있도록 주의하라.

기선이나 범선에 대하여 견시를 엄격히 하라.

필요하면 언제든지 나를 깨워라.

날씨가 허락하면 아침에 해치를 여는 것을 잊지 말라.

이는 통풍에 중요하다.

서 명
선 장

2. 2023년 10월 18일 2000

북위 25°-10′, 동경 169°-03′

기준 나침의에 의한 침로 : 진동, 오차 11°E

견시를 엄격히 하라.

침로를 정확히 유지하고 있는지 주의하라.

모든 항해등이 양호한 상태에 있게 하라.

기선과 어선을 견시하라.

날씨가 농밀 또는 악화하면 즉시 나를 깨워라.

47. At 0130 alter her course to N60°E.
48. Alter course to S60°W when Peacock Lt. abm.
49. Alter her course to S60°W when p.log. showed 135'.
50. The same orders as per previous(last) night.
51. Observe the same orders as previous night.

§3. The examples of Night Order

1. 2000 on the 11th Nov. 2023.

    Lat 18°-23'N, Long 97°-11'E.

    Co. S34°E by Standard Compass, E'r 12E.

    Keep a sharp lookout.

    Watch the steering carefully.

    See that all regulation lights are burning brightly.

    Lookout keenly for steamers or sailing vessels.

    Call me up at anytime when you think necessary.

    Don't forget to open hatches in the morning, because it is important for ventilation, if weather permitted.

    Signature
    Master

2. 2000, on the 18th, Oct. 2023.

    Lat 25°-10'N, Long 169°-03'E.

    Course by Standard: Due East. E'r 11'E

    Keep a keen lookout.

    See that a good course is made.

    Keep all navigation lights in good condition.

    Lookout for steamers and fishing boats.

    Call me immediately if the weather becomes thick or worse.

의심스러운 일이 있으면 언제든지 나흘 깨워라.
복무수칙을 엄격히 주의하라.

서 명
선 장

3. 4월 1일 2115. 홀리 스토운 등광 정횡거리 8마일. 기준 나침의 침로 : N76°W
견시를 엄격히 하라. 어선과 정크를 견시하고 그들에게 너무 접근하지 말라.
순시하고 타효(舵効)와 조타장치(操舵裝置)를 점검하라. 현저한 천후변화가 없으면 0400에 깨워라.
도중 어떤 등화가 보이며 알려라.

서 명
선 장

4. 9월 13일 2110
로키드 등광 정횡거리 9′
기준 나침의 침로 N68°E, 오차 2°W,
선박에 대하여 견시를 엄격히 하고 모든 항과하는 선박과는 충분한 거리를 두어라.
아침에 세인트 아그네스 등광과 정횡으로 된 때에 침로를 N42°E(오차 1°W)로 변침하고 보고하라.
천후가 농밀해지면 보고하라.
필요하면 어느 때든지 깨워라.
매시 기압계를 관측하고 계속하여 파도와 바람을 주시하라.
콜롬보 표준시로 자정에 시계를 조정하라.

서 명
선 장

When you are in doubt anything, call me at any time.
Attenstrictly to standing orders.

Signature
Master

3. April 1st. 2115. Holly Stone Lt. abm dist. 8 miles.
Course by Standard : N76°W.
Keep a good lookout. Lookout for fishing boats and junks, and don't approach too close to them. Make rounds and inspect steerage and steering gear.
If no material change of weather, call me at 0400.
Let me know when you sighted any light on the way.

Signature
Master

4. Sept,. 13th, 2110.
Rockheed Lt. abeam 9'off.
by Standard Compass N68°E. E'r 2°W.
Keep a good lookout for vessels and give a wide berth to all passing vessels.
When St. Agnes Lt. is abm in the morning, alter the course to N42°E(E'r 1°W) and report me.
Give me report when the weather became thick. Call me at any time, if necessary.
Read barometer every hour and keep watch seas and wind all he times.
Adjust clocks at mid-night for S.T. at Colombo.

Signature
Master

5. 2023년 1월 30일

마산→여수

도선사 승선. 내해를 항진 중, 도선사 지휘 아래 침로 부정

가능한 모든 협조를 도선사에게 다하라. 견시를 소홀히 하지 말며 주의 깊게 조타하도록 유의하라.

항해등이 양호한 상태에 있도록 주의하라.

이상사태가 발생하거나 야반당직(0000∼0400)중에 노량수도에 접근했을 때에는 나를 깨워라.

서 명
선 장

6. 2023년 5월 24일 오후 8시

북위 16°-30′, 동경 118°-25′

기준 나침의로 S23°W로 조타

견시를 엄격히 하고 침로를 정확히 유지하고 있는지 유의 하라.

모든 선박과는 충분한 거리를 두라.

오전 2시에 카포네스 등광을 시인해야 하며 이를 초인했을때 알려라.

날씨에 변화가 보이면 보고하라.

본선이 육지로 향하고 있다고 생각되거나 의심스러운 일이 있으면 즉시 깨워라.

오전 3시에 나를 깨우고 복무수칙에 유의하라.

서 명
선 장

7. 2023년 9월 19일

기준 나침의 침로 N54°W

5. On the 30th Jan,. 2023.
   Masan to Yeosu
      Pilot on board, proceeding through Inland
      sea, and steering var'ly under pilot's charge.
   Give the pilot all your possible assistance and don't neglect your good lookout and attend to the steering carefully.
   See that navigation lights are burning brightly.
   Call me up at any time in case any unusual change occured and also when the ship approached the Noryang channel in the middle watch.

Signature
Master

6. 800 p. m on the 24th May, 2023.
      Lat 16°-30'N, Long 118°-25'E
      steer S23°W by Standard Compass
   Keep a good lookout. See that a good course is made.
   Give all vessels an ample berth.
   As you ought to sight Capones Lt. at 200 a. m, let me know when you sighted it.
   Report me if there is any change in the weather.
   Call me at once if you think the ship setting towards land or there is anything doubt.
   Call me up at 300 a. m. Attend to standing orders.

Signature
Master

7. 19th Sept,. 2023.
      Course N54°W by Standard Compass.

0530 또는 내가 선교에서 근무할 필요가 있으면 언제든지 깨워라.
코모린 등광이 0500경 거의 우현 선수에서 보일 것이며 상기 등광의 백색 명호가 잠시 후에 시인 될 것이다.
복무수칙을 준수하라.

서 명
선 장

8. 2023년 6월 27일
기준 나침의 침로 N32°W, 오차 2°W.
본침로상 풍압차 1°는 허용된다.
오늘밤은 수동 조타로 하고 침로에서 이탈하지 말라.
의심스러운 때에는 언제든지 나를 깨우며 또는 0430에 깨워라.
기선·범선 특히 무등화 어선에 대한 견시를 엄격히 하라.
180°자오선 통과시간과 그 위도를 기입하라.
코모린 등대의 등화를 초인하면 알려라.
모든 항과선과는 최소 2마일의 최 근접 거리를 유지하라.
180°선 통과로 인하여 내일은 2023년 6월 29일, 월요일이다.

서 명
선 장

9. 2023년 7월 19일 2000.
북위 35°-40′, 서경 125°-10′.
침로 N26°E, 오차 없음.
아침에 새들 섬에 대하여 견시를 엄격히 하고 초인되면 알려라.

Call me at 0530 or at any time before then if you think necessary of my presence on the bridge.
Comorin Lt. should be seen, nearly right ah'd, about 0500, and the white sector of the above Light should be seen a little later.
Observe to the Standing Orders.

Signature
Master

8. 27th June, 2023.
Steer N32°W by Standard Compass. E'r 2°W.
Leeway allowed on this course 1°.
Keep helm in hand steering for the night and keep vessel on track.
Call me at any time you are in doubt or at 0430.
Lookout for vessels, sailing crafts, especially for ishing boats without lights.
Log time and Lat of meridian passage of 180°.
When you are in sight of Comorin Light, let me know it. Give all traffic at least two miles C.P.A.(closest point of approach).
Due to crossing 180°, it will be Monday tomorrow, 29th June 2023.

Signature
Master

9. 2000 on the 19th July, 2023.
Lat 35°-40'N, Long 125°-10'W.
Co. N26°E, E'r Nil.
Keep a good lookout for Saddle Id. in the morning and call me when sighted.

항과하는 모든 선박과는 충분한 거리를 두라.
무전사가 폭풍경보를 수신하면 즉시 알려라.
본선이 강한 조류로 인하여 육안으로 압류되는지 여부에 주의하고 또한 본선이 항상 침로상에 있는지를 확인하여 교차방위법 으로 자주 선위를 점검하라.
가능하면 아침에 천측하라.

서 명
선 장

10. 항해사 각위, 로스앤젤레스 항. 2023년 5월 1일
본항에 정박 중 귀관의 최선을 다하고 다음 사항에 관하여 세심한 주의를 할 것.

1. 교대로 1명이 사관 야간당직에 복무할 것.
2. 특별히 허락받은 자 이외는 하역개시 이전에 귀선할 것.
3. 부선이 착현하기 이전에 위생용수를 중지하고 펌프 가동을 중지하도록 당직 기관사에게 통고할 것.
4. 하역작업 중 선창 내부 또는 부근에서와 갑판상에서 금연토록 할 것.
5. 하역작업을 개시하기 전에 윈치·카고 러너·가이·진 블록·스테이·리깅·카고 슬링 등등 모든 하역 장치를 엄격히 점검하고 모든 윈치에 주유하여 시험할 것.
6. 하역장치에 주의하고 모두 양호한 작동상태에 있는지 확인 할 것.
7. 취침하기 전에 야간순시를 이행하고 방화용 호스와 방화용펌프를 부근에 비치하여 특별히 화재 예방책을 강구 할 것.

Give plenty room to all passing vessels.
Call me at once if the wireless operator gives any storm warning.
Keep in your mind whether she might set in shore by strong tide or not, and ascertain the ship is always on her course line, checking position by cross bearing frequently.
Take stellar observation in the morning, if possible.

Signature
Master

10. To officers. Los Angeles, May 1st, 2023.
While the ship lying at this port, do your best and pay careful attention on the following matters:-
    1. Keep one officer's night watch alternately.
    2. Come back on board before starting cargo work except those who granted special permission.
    3. Stop sanitary water before lighters get alongside and give notice to engineer on duty to stop its pump. Be careful of bath and W.C. water.
    4. Let nobody smoke in or near hatches and on deck during cargo work.
    5. Inspect all cargo gears strictly, such as winches, cargo runners, guys, gin blocks, stays, riggings, cargo slings, and etc. put oil to all winches, and have all winches tested before commencing cargo work.
    6. Lockout cargo gears and see that those are working in good order.
    7. Make night inspection before you go to bed and especially take precautions against fire, getting ready fire hoses and fire pumps at hand.

8. 신호소의 야드 암에 폭풍신호가 게양되어 있는지를 주시 할 것.
9. 상황에 따라 당직사관인 귀관이 명령을 내민 권한이 있음을 명심 할 것.
10. 하역을 완료한 후 선창을 청소하도록 갑판장에게 지시할 경우 목재 던니지 총량의 3/4을 갑판상에 그리고 1/4 을 하부 선창에 갑판원이 쌓아올려 놓도록 그에게 지시할 것.

제 9장 해난보고

§1. 해난보고 서식

선 박	선 명	한라산호
	종 류	한국적 기선
	번 호	63279호
	총톤수	23,654톤
선 적 항		부산시
소 유 자 성 명		한국 해운 주식회사
선 장	성 명	오대양
	주 소	한국 부산시 중구 남포동3가 10-1번지
	해기사 면허장의 종류와 등급	갑종 선장 번호 1153호

8. Watch for storm signals hoisted up on the yardarm of the signal station.
9. Mind that you, watch officer, are authorized to issue orders when the circumstance required.
10. In case you will order boatswain to clean cargo holds, after completion of cargo discharging, give notice to him that let sailors pile up 3/4 of whole amount of wooden dunnage on T.D., 1/4 in the L.H.

주) 본문은 항내 정박 중 선장이 각 항해사에게 특별히 주의를 환기시키기 위한 지시문의 보기이다.

PART 9. Protest

§1. Note of Protest

Vessel	Name.	M/S'Hanrasau'
	Description.	Korean motor ship
	Official Number.	63279
	Gross Tonnage.	23,654 Tons
Port of Registry.		Busan
Name of Owner.		Hankuk Maritime & Co.,Ltd.
Master	Name.	Daeyang O
	Address.	10-1, 3-ka, Nampo-dong, Jung-ku, Busan, Korea
	Class, Grade & Number of Certificate.	Master of first grade. No. 1153

기 관 장	성 명 주 소 해기사 면허장의 종류와 등급	(기관에 관한 해난사고시 에만 기입한다.)
출 발 항		싱가포르
도 착 항		콜롬보
해난발생 장소		북위5°-12′, 동경95°-10′에서 북위5°-14′, 동경95°-15′까지
해난발생 일시		2023년 1월 18일 1400
해난의 전말		

상기한 본선은 잡화 3.425톤, 콩깻묵 3,275톤, 밀기울 1,200톤, 대마 4,500톤을 적재하여 2023년 1월 18일 오후 2시에 싱가포르를 출발하여 콜롬보로 항해 도중 상기한 일시와 장소에서 격렬한 황천을 만나 본선 동요가 극심하고 대파가 끊임없이 갑판에 쳐들어왔음.

대파가 좌현 현문 사다리들 박살내고 휩쓸어 갔음.

적하에 다소의 피해가 있을 듯 사료됨.
상기 보고와 같이 상위 없음을 여기 증언합니다.

오 대양
기선 한라산호 선장

콜롬보 해운국 귀중

chief Engineer {
- Name.
- Address.
- class, Grad & Number of Certificate.

Port of Departure.	Singapore
Port of Arrival.	Colombo
Place where casualty occured.	Lat 5°-12′N, Long 95°-10′E to Lat 5°-14′N, Long 95°-15′E

Date & Hour of Occurence. 1400 on the 18th Jan. 2023.
Details of Casualty.

I beg hereby to report you that the above named motor ship, under my command, left Singapore, lader 3,425 tons of general cargo, 3,275 tons of bean meal, 1,200 tons of wheat bran, & 4,500 tons of hemp, at 1400 on the 18th Jan. 2023 and en route to Colombo on the date and at the place mentioned above, we encountered with violent storm and ship laboured and strained heavily, shipping much seas on decks all the time.

Heavy seas smashed and carried away gangway ladder on port side.

Damages to the cargoes might be expected more or less.

I hereby affirm the correctness of the above report.

Daeyang O
Master of M/S Hanrasan

To the Marine Office
Port of Colombo.

§2. 해난보고 예문

(1) 해난보고

이것은 2023년 4월 13일에 증명하는 것 입니다.

서기 2023년 4월 9일, 잡화 2,400톤을 적재하고 홍콩·싱가포르·페낭·랭군을 향하여 부산을 출항하여 서기 2023년 4월 12일에 홍콩에 도착한 노르웨이 기선'햄프턴'호 선장 '스마일링'씨는 아래 서명한 홍콩 주재 노르웨이 영사인 소직 앞으로 출두하여, 황천으로 인하여 발생되었을지 모르는 피해를 우려하면서 필요한 경우에는 언제나 본 해난 보고서를 행사할 권한을 유보하는 모든 손실과 손상 등에 대한 해난 보고를 하였음을 증명함.

홍콩에서

서기 2023년 4월 13일

서 명

햄프턴호 선장, M. 스마일링

기선 햄프턴호 선장, 스마일링씨는 서기 2023년 4월 13일 소직의 면전에서 상기 서명을 하였음을 증명함.

홍콩 주재 노르웨이 영사관

STAMP

서 명

영사 대리

수수료 : 홍콩 $31-

§2. Examples of Note of Protest

(1) Note of Protest

This is to certify that on the 13th day of April, 2023, Mr. M. Smiling, Master of the Norwegian motor ship 'Hampton' of Drammen, which left Busan on the 9th of April 2023 with a total of 2400 tons consisting of general cargo, bound for Hongkong, Singapore, Penang and Rangoon and which arrived at Hongkong on the 12th day of April 2023, appeared before me, the undersigned Norwegian consul at Hongkong and the said captain, fearing the damage might have been occasioned through rough weather, noted protest against all losses, damages, etc., reserving his right to extend this protest whenever necessary.

Hongkong, the 13th April, 2023.

Signature

M. Smiling

Master of M/S Hampton

I hereby certify that Mr. M. Smiling, Master of M/S Hampton, signed the above in my presence on April 13th, 2023.
Royal Norwegian Consulate, 'Hongkong'.
STAMP

Signature

Acting consul

Fee HK $ 31-

(2) 해난보고

서기 2023년 2월 7일, 대한민국 부산주재 영사인 본인 스미드 앞으로 노르웨이 선박 기선'햄프턴'호-신호부자 LABG, 드라멘 선적, 등록 순톤수 1605톤-의 선장이 출두했음. 본선은 1월 26일에 태국 코시창으로부터 자루들이 쌀 3,000톤을 적재 하고 한국 각 항구를 향하여 출항하여 서기 2023년 2월 6일 부산항에 도착하였음. 서기 2023년 1월 28~29일 2월 2~5일, 황천으로 인하여 통풍이 저해되었으므로 적하 또는 선체에 손상이 우려됨.

항해 중의 모든 손해와 손상에 대하여 상기 일시와 장소에서의 본건에 관하여 이를 사용할 권한을 유보하고 상기 각 항구에서 담보하기 위하여 이에 해난 보고를 함.

서　명
선장 N. 스마일링　　STAMP

서　명
영사 H. 스미드

상기 보고는 해난보고 원본을 복사하고 본 영사관 현장에서 제출되었음을 증명함.

노르웨이 영사관
부산·서기 2023년 2월 7일

서　명
선장 N. 스마일링　　STAMP

(2) Note of Protest

On this Seventh day of February in the year of our Lord Nineteen Hundred and Fifty Two, before me, H. Smith consul for Busan, Korea personally appeared Mr. N. Smiling, Master of Norwegian vessel M.S.'Hampton', signal letter, LABG of DRAMMEN and 1605 tons Netto, which sailed from Koshichang, Tailand on or about January Twenty sixth 2023. With a cargo of 3,000 tons of Rice in bags, bound for Korean ports and arrived at Busan on the Sixth February, 2023 and fearing damage to cargo and or vessel owing to Boisterous weather on Jan. 28 and 29, Feb. 2 to 5, 2023, preventing airing of holds and cargo.

During the voyage, he hereby notes his protest to cover above ports against all losses, damage etc, reserving right to extend the same at time and place convenient.

Signature
N. Smiling, Master STAMP

Signature
H. Smith, Consul

I certify the foregoing to be true and correct copy of the original note of protest, entered in the act of this consulate and copied therefrom.

Royal Norwegian Consulate,
Busan, Feb,. 7, 2023.

Signature
H. Smith, Consul STAMP

(3) 해난보고

사고전말 : -

본인이 지휘하는 상기명 선박은 모든 양하작업을 종료한 후 서기 2023년 5월 13일 1500시 인천을 향하여 부산을 출항하고 공선으로 항해를 계속했음.

인천으로 항해 도중'하백도'등대를 통과한 직후 다음날 0700시경 본선 선미에서 심한 충격과 격렬한 진동을 느꼈음. 기관장으로부터 프로펠러에 어떤 이상이 있고 회전이 비정상으로 증가되었다고 보고받았으나 기관을 미속으로 하고 충분한 주의를 하면서 항해를 계속하여 2330시에 3호 부표에 계류함으로써 무사히 인천에 도착할 수 있었음.

본인은 프로펠러가 목재와 같은 수중물에 타격을 받고 프로펠러 블레이드에 약간의 손상을 입은 것으로 사료됨.

이상 사실을 보고하며 이 보고는 정확하고 진실임을 확언함.

서 명

기선 고려호, 선장

인천 해운국 귀중

서기 2023년 5월 15일. 인천항

(4) 해난보고

사고전말 : -

본선은 산적된 소맥 8,900톤을 적재하여 서기 2023년 1월 14일 1430시에 부산항을 향하여'시애틀'항을 출항했음.

(3) Note of Protest

Details of Casualty:-

The above named vessel of my command left Busan for Incheon at 1500 Hrs on the 13th May, 2023. after finishing of all discharging operation of cargo and proceeded on her voyage with no cargo on board.

En route to Incheon, at about (700 Hrs on the next day just after passing 'Habaekdo' Lt. Ho., we felt heavy shock on her stern and tremendous vibration, and was reported from the chief engineer that something wrong on her propeller, increasing revolutions abnormally, but she continued her voyage with slow down engine, paying our profound precaution and we could arrive at Incheon safely at 2330 Hrs, mooring on No.3 Buoy.

I presume that the propeller might hit submerged substances, something like log, and it is expected some damage might be caused on the propeller blades.

I beg to report you the fact and affirm that my report mentioned above is correct and true.

Signature

Master, M/V'Korea'

To Incheon Maritime Bureau

Incheon, on the 15th May, 2023.

(4) Note of Protest

Details of casualty:-

The vessel, my command, left Seattle, laden with 8,900 tons of wheat in bulk, at 1430 Hrs on the 14th. Jan., 2023,

도중 상기 일시 및 장소에서 수차 혹심한 황천을 조우했음. 선체 동요가 극심하고 노도가 항시 모든 갑판을 내습하였으며 이로 인하여 1호 및 2호 화물창의 통풍통이 파괴되고 1호 및 3호 구명정이 떠내려갔으며 선미루 갑판상의 야채상도 휩쓸려 갔음.

본선이 이누보에사키 등대를 N/W. 7마일로 항과한 2월 4일 0830시에 당직 중이던 3등 항해사는 정선수로 어부 1명이 헤엄치면서 본선의 구조를 구하고 있음을 발견하고 즉시 기관준비를 호령하며 기관을 서속으로 하고 이들 소직에게 보고했음.

본인은 즉시 선교로 올라가서 기관정지를 호령하고 총원을 갑판에 소집하여 구명정 강하준비를 하게 했음. 그러나 간밤의 폭풍은 계속 불고 파도가 높았으므로 전복을 방지하기 위하여 구명정 강하를 포기하고 본선의 풍하현으로 어부를 유지하면서 본선을 풍상측으로 향했음.

그 어부에게 구명부표와 구명색을 투여하여 현측으로 접근시키고 무사히 갑판으로 인양하여 의사에게 간호하게 했음.

금월 10일 1230시에 부산항에 도착하여 부산시 소재 영도경찰서로 본인을 인도했음.

구조어부의 명세
국 적 : 일본국
성 명 : Taro Hayashi
연 령 : 41
주 소 : ____________________

for Busan.

On the way, we encountered several times with threatening stormy weather on the dates and places mentioned above respectively, and ship labouring and straining heavily, shipping tremendous seas on all over decks all the time and they caused heavy damages, smashing Nos. 1 and 2 hold ventilators, washing away Nos. 1 and 3 life boats and carrying away a vegetable box on poop deck.

When we passed inuboe Saki Lt. on N/W 7' off at 0830 Hrs on the 4th, Feb., 3rd officer on duty, observed a fisherman was swimming on her right ahead, calling our help and immediately her rung S/B engines and slowed down engines, and reported me about it.

I went up on the bridge at once and ordered stop engines, calling all hands on deck, getting them ready to lower life boat, but last night storm was still blowing hard with high seas and I gave up lowering life boat to prevent it from overturn, but I brought my command on weather side, keeping the fisherman on her lee side.

Getting him close to alongside and threw life buoy with life line at him and succeeded to pick him up safely on deck and attended by doctor.

We arrived at Busan at 1230 Hrs on the 10th inst, and handed him over to the Yeongdo police station Busan.

Particulars of rescued fisherman:
Nationality: Japanese
Name : Taro Hayashi
Age : 41 year's old
Address :__________________

직 업 : 어업

본선은 상당한 장기간에 걸쳐 수회 혹심한 황천을 조우하였으므로 적하에 다소의 손상이 우려 됨.

상기의 모든 보고는 정확하고 진실됨을 증언하며 이에 보고함.

서 명
____
기선‘고려’호, 선장

부산 해운관청 귀중

제 10장 입거공사 사양서 (入渠工事仕様書)

chip and scrape	치핑과 스크레이핑을 하다.
rusty parts	녹슨 부분
touch up	터치업
draw ship's name	선명을 그리다
port of registry letters	선적항의 문자
apply bottom paint	선저도료를 바르다
paint to be supplied by ship's owner	페인트는 선주가 공급한다.
lift up rudder	키를 들어올리다.
reset in order	순서대로 다시 조립하다.
renew defective rivets	결함있는 리벳을 신품과 교환하다.
as pointed out	지시된 바와 같이
caulk and weld	코킹하고 용접하다
execute watertight test	수밀검사를 실시하다

Occupation: Fishery

As we encountered several times with the threatening stormy weather for the considerable long period, we expect damages on the cargo might be caused more or less.

I beg to report you the fact and affirm that my whole reports mentioned above are correct and true.

Signature

Master, M/V'Korea'

To Maritime Bureau, Busan.

PART 10. Docking Indent

apply patch	패치(쇳조각)을 대다.
weld up chafed parts	마찰된 부분을 용접하다.
promenade deck	유보갑판(遊步甲板)
partly renew	일부 갱신하다
newly make	새로 제작하다
heat insulation	열절연(熱絶緣)
wash-cement	물 시멘트를 하다
apply tiling	타일을 붙이다
refrigerative chamber	냉동실(冷凍室)
newly supply	새로 공급하다
execute load test of 7-ton weight	7톤 중량 테스트를 실시하다.
overhaul and repair, if any(necessary)	개방검사하고 필요하면 수리하다.
Sanitary, Drainage and Hydrant systems	위생수선, 배수선 및 급수선

range out both bower cables	양현 선수 닻줄을 끌어 내리고 배열하다.
tighten up loose studs	헐거운 스터드를 죄다
stow them back in good order	양호한 상태로 집어넣다
lignamvitae	리그넘바이티
adjust	조정하다
anneal	풀림하다
air port scuttle	스커틀(丸窓)
safety appliances	안전기구
straighten up	곧바로 되게 하다
Lux-Rich installation	럭스 리치 장치
fire alarm systems	화재경보기
fire extinguisher	소화기
lightning conductor	피뢰침
miscellaneous deck fittings and outfit	잡종 갑판기구 및 비품
blackout contrivances	등화 관제장치
shift, remove	이동하다
fair in place	현장에서 수리하다

(1) 관련사항(關聯事項)

선 명 : 기선'서울'호

건조장소·년월일 : 부산. 2023년

총 톤 수 : 10,351톤

기 관 형·마 력 : 한진 터빈 전기추진, 6,000마력

보일러 제한압력 : 450파운드

선 각 주 요 목 : 전장 542피트, 폭 68피트

선 급 : 미국 선급협회

resolder	납땜질을 다시하다
soil pipe	변소 오물관
as required	요구대로
garbage shoot, garbage chute	쓰레기 낙하장치
rebrick	벽돌을 다시 쌓다
Korean galley	한식 취사실
European galley	양식 취사실
silver burnishing machine	은(제품) 연마기
Gymnastic fittings	운동기구
Culinary fittings	취사용 도구
hydro extractors	탈수기
flatwork ironers	다리미·아이론
washing machine	세탁기
ironing table	다림대
mosaic work	모자이크 세공
decorative painting	화장도장(化粧塗裝)
vanish	니스칠
polish	연마제로 닦기
holystone	연마석으로 갉기

(1) Pertinent information

Vessel: M/V'Seoul'

Built location/year: Busan, 2023.

Gross tonnage : 10,351 tons.

Machinery type/H.P.: Hanjin turbo-elect. 6,000 S.H.P.

Boiler pressure: 450p.s.i.

Hull particulars: L.O.A. 524', Beam 68'.

Classification: A.B.S.

(2) 급수(給水)·배전(配電)·증기(蒸氣) 등

1. 입거(入渠) 중 방화수 관계(防火水管系)에 물을 공급할 것.
   공급수의 수압(水壓)은 $2\frac{1}{2}$인치 호스 2본을 접속하여 100파운드로 할 것.
2. 입거기간 중 육전(陸電)을 공급할 것.
   440볼트, 교류(交流), 3상(三相), 350암페어 용량, 기타 기간은 선내 발전설비가 사용가능하다.
3. 위생(衛生)을 유지하기 위하여 매일 쓰레기를 이동할 것.
4. 수리기간 중 거주구(居住區)의 난방(暖房)을 위하여 압력이 최저 50파운드되는 육상증기(陸上蒸氣)를 공급할 것.

(3) 항비(港費)관계

수리기간 중에 필요로 하는 전묘(轉錨)를 위하여 예선(曳船)을 제공하고 로우프 취급에 소요되는 보트와 보트맨(艇員)을 제공할 것.

(4) 검사·점검(檢査·點檢)

1. 모든 화물 탱크·펌프실·방유구획(防油區劃)·증기 소화관(蒸氣消火管)·히팅 코일·카고 관계(管系)·화물 통풍계(貨物通風系)등은 작업개시 전에 자격 있는 화학자(化學者)가 검사하고 증명서를 발급할 것.
   회사소정의 형식이 바람직하다.
   증명서 사본 4통을 수교할 것.
   (1) 1통은 선장 또는 선주대표에게
   (2) 1통은 1등 항해사에게

(2) Services

1. Furnish labour and material to connect up and supply water to the fire line system while vessel is undergoing repairs in yard. Water pressure to be capable of supplying water at 100 p.s.i. to two $2\frac{1}{2}''$ hoses.
2. Furnish labour and material to connect up and supply shore power to the vessel during the period vessel in dry dock only, 440 volt, A.C. 3 phase 350 amp. capacity, other time vessel's power plant to be used.
3. Furnish labour and material to remove garbage for health protection daily.
4. Supply shore steam at a minimum pressure of 50 p.s.i. for domestic and accommodation heating during the repair period.

(3) Port charge

Furnishing tug service and labour to shift the vessel as may be necessary during the repair period, tender any boat and boatmen required for rope handling.

(4) Inspection

1. All cargo tanks, pump rooms, cofferdams, steam smothering lines, heating coils, cargo piping systems, cargo venting systems etc., are to be tested by an approved chemist and a certificate issued before any work is commenced. Use of company form is preferred. Four copies of the certificate will be made available.
   (1) One copy to Master or Owner's Representative.
   (2) One copy to chief officer.

(3) 1통은 현문(舷門)의 정상부로 계시

(4) 1통은 도크측으로

2. 밸러스트의 변경, 파이프 라인 또는 밸브의 분리, 기타 선박의 가스 프리이에 영향을 미칠 만한 상황의 후에는 영향을 받은 공간에서 그 후의 작업을 실시하기 전에 화학자에게 재검사 하도록 요구한다.

3. 연료가 들어있는 벙커 탱크는 격벽(隔壁)의 위치를 표시하기 위하여 갑판을 가로지르는 백선(白線)과'위험-기름-용접 또는 화기 사용 금지'의 문자를 형판(型板)으로 명확히 표지 할 것.

4. 양쪽으로 발판을 설치하고 검사관의 입회 아래 건현표(乾舷標)를 검사할 것. 검사를 마친 뒤에 발판을 철거할 것.

(5) 입거(入渠)

1. 선박을 입거시키고 선각(船殼)검사·청소·도장 및 본사양서에 기재된 수선하의 부분을 수리한 후 출거시킬 것.

2. 청수로 충분히 선저와 선각을 씻고 청소할 것. 모든 유리된 페인트와 녹을 충분히 긁어 떨어뜨리고 와이어 브러시로 솔질할 것. 선각은 페인트 도장 전에 완전히 건조시킬 것.

3. 용골(龍骨)로부터 경하흘수선(輕荷吃水線)까지 모든 페인트가 벗겨진 부분을 프라이머로 2회 터치업하고 전면에 걸쳐 방청(防錆) 페인트를 1회 칠한 위에 그 부분에는 방오(防汚) 페인트를 칠한다.

좌현 및 우현, 수선 아래 선수와 선미

방오도료 도장면적 : 1750㎡

비고 : 방오도료는 출거를 위하여 물을 채우기 6~12시간 전에 도장할 것.

(3) One copy for display at top of gangway.
(4) One copy to shipyard.

2. After changes of ballast, disconnection of pipe line or valves, or other circumstances which affect the gas free position of the vessel, the chemist is required to re-examine before further work in affected spaces is undertaken.
3. Bunker tanks containing fuel oil are to be distinctly marked by painting a white stripe across the deck indicating location of bulkhead and stencilled'Danger-Oil-No welding or burning.'
4. Erect staging at port and starboard side of vessel, and check freeboard marking with the attending surveyor. Remove staging when completed.

(5) Drydocking

1. Furnish labour and material to drydock vessel and undock after carrying out examination of hull, painting and repairs to underwater parts listed in this specification.
2. Thoroughly wash down and clean the bottom and hull with fresh water. Thoroughly scrape and wirebrush all loose paint and scale.
   Hull to be completely dry before appling paint.
3. From keel to light loadline:
   Touch up all bare spots with two coats of primer followed by one full coat of anti-corrosive paint and then full coat of anti-fouling paint to the following areas only.
   Port and starboard side, also entrance and after quarters.
   Anti-fouling area: 1750 sq. meters.
   Note: Anti-foul ing coat to be applied 6 to 12 hours before the drydock is flooded for undocking this vessel.

4. 경하 흘수선으로부터 만재(滿載) 흘수선까지 모든 페인트가 벗겨진 부분을 프라이머로 2회 터치업한 위에 적색유성 수선용(赤色油性水線用) 선저도료를 전면에 걸쳐 2회 도장한다.
5. 만재 흘수선으로부터 갑판까지 모든 페인트의 벗겨진 부분을 프라이머로 2회 터치업 한 위에 흑색 현측 상부도료를 전면에 걸쳐 1회 도장한다.
6. 키와 기타 의장품(艤装品)을 포함하여 용골로부터 만재 흘수선에 이르는 선미부에 전식(電蝕) 방지도료를 2회 도장할 것.
7. 백색 페인트로 전부·중앙부 및 선미의 흘수표, 플림솔표, 양현 선수의 선명·선미의 선명과 선적항을 2회 도장할 것.
8. 도장한 프라이머와 페인트는 모든 후속되는 페인트를 도장하기 전에 건조시킬 것.
9. 모든 스커퍼는 도장 중 목재 플러그로 막을 것.
10. 녹을 떨어낸 외판(外板)은 4시간 이상 프라이머로 칠하지 아니한 상태로 방치해서는 아니된다.
11. 씨체스트와 여과기(濾過器)

모든 씨체스트와 여과기를 개방하고 격자(格子)를 청소하며 체스트는 솔질하고 스크레이핑하여 선주가 지급하는 비닐 페인트를 지시대로 체스트와 여과기에 2회 도장할 것.

12. 좌현 후부 외판 H-15을 철거하고 10′X5′X0.62″ 강판을 삽입할 것. 새로 삽입된 외판은 선주대표의 지시대로 엇거리 이음하여 용접하고 완성된 부분은 선급 검사원에 의하여 호스 테스트를 할 것. 필요로 하는 발판을 조립하고 철거할 것.

4. From light loadline to deep loadline:
   Touch up all bare spots with two coats of primer followed two full coats of red oil boot topping.
5. From deep loadline to deck:
   Touch up all bare spots with two coats of primer followed by one full coat of black topside paint.
6. Apply two coats of anti-galvanic paint to the stern area from the keel to deep loadline, including rudder and fittings.
7. Apply two coats of white paint to draftmarks, forward, midship and aft, the Plimsoll's marks, the vessel's name on port and starboard bow and the name and port of registry on stern.
8. All applied primers and paints to be dry before application of subsequent coats of paints.
9. All scuppers are to be fitted with taper wooden plugs while painting.
10. Scaled plates must not be left in an unprimed condition for longer than four hours.
11. Sea chests and strainers:
    Furnish labour and material to open up and remove all sea chests and strainers, clean chests by wire brushing and scraping and apply two coats of owner's supplied vinyl paint to chests and strainers as directed.
12. Remove one section of portside aft H-15 plate and insert one 10'X5'X0.62" thick steel plate to the same place.

(6) 키(舵)와 선미골재(船尾骨材)

1. 선미골재·키·핀틀·거전 부시·타면(舵面) 및 키와 선미골재의 아연판(亞鉛板)을 검사하고 그 상황을 선주대표에게 보고할 것.
2. 러더 플러그를 떼어내고 물을 배출하여 복구할 것.
3. 선미골재와 키에 용접해 둔 합계 16개의 부식된 고순도(高純度) 아연판을 떼어내고 신품 16개를 공급하여 항해사가 지시한 장소에 용접할 것.

(7) 닻(錨)·닻줄(錨鏁) 및 묘쇄고(錨鏁庫)

1. 7절째의 신품 닻줄을 공급한 위에 우현 닻줄과 결합할 것.
2. 닻줄을 도크 바닥에 가지런히 놓고 역청도료(瀝青塗料)를 도장할 것.
3. 묘쇄고를 충분히 청소하여 닦아내고 역청도료를 도장할 것. 묘쇄고는 도장하기 전에 건조시킬 것.
4. 검사한 후 닻줄을 양호한 상태로 격납할 것.

(8) 갑판기계(甲板機械)

1. 다음 윈치의 중간축(中間軸)을 분리하여 충분히 소제하고 각부의 작동을 완전히 한다.

   수리·검사한 후 양호한 상태로 복구할 것.

   전부갑판 계류 윈치

   주갑판 전부계류 윈치

New inserted plate to be scarfed and welded as directed by owner's representative and on completion area to be hose tested by classification surveyor. Rig and dismantle all necessary staging.

(6) Rudder and stern frame

1. Examine stern frame, rudder, pintle and gudgeon bushes and rudder plates also zinc plates on rudder and stern frame, and report fidings to owner's representative.
2. Remove rudder plugs, drain rudder and refit plugs.
3. Remove a total of 16 defective high purity zinc anodes welded to stern frame and rudder, supply and weld 16 new anodes in position indicated by ship's officer.

(7) Anchor, chain and chain locker

1. Supply and fit new 7th length of anchor chain cable to the starboard chain cable.
2. Range down anchor cable on dock floor and apply bituminous solution to the cables.
3. Thoroughly clean and sweep down chain locker and apply bituminous solution. Chain locker to be dry before applying solution.
4. Restore chain cables in good order after survey.

(8) Deck machinery

1. Disconnect the intermediate shafts on the following winches and thoroughly clean and make workable all parts.
   Reassemble them in good order after repairexamination.
   Fore deck mooring winch
   Main deck forward mooring winch

선미루 갑판 계류 윈치

2. 망가진 윈들러스의 익스팬션 박스를 떼어내고 현재 본선에 있는 신품 익스팬션 박스를 장치할 것.

(9) 승무원 거주구(乘務員居住區)

24″×8″×0.15″강판(鋼板) 더블러를 제작하고 부분적으로 부식된 다음 문틀의 기부(基部)에 장치할 것.

사주장실(司厨長室),

사관용(士官用) 취사실문

병실(病室)문

(10) 구명정(救命艇) 및 안전설비(安全設備)

1. 24개의 부력(浮力)탱크를 시험하고 원상태로 복구할 것.
2. 모든 청수 탱크 16개를 끓는 물로 충분히 씻고 시험하여 양호한 상태임을 증명할 것.

   2개의 탱크를 패치를 대거나 땜질 수리를 하고 재시험을 고려할 것.
3. 탄산가스 실린더를 떼어내고 계량(計量)하여 제자리에 되돌리거나 다른 인정된 방법으로 내용량을 검사할 것.
4. 압축공기(壓縮空氣)로 모든 관을 소제하고 모든 연결방출장치(連結放出裝置)와 경보기(警報器)로 시험하여 점검할 것.
5. 승인된 중량 이하 또는 빈 실린더는 사용압력의 1.5배인 수압시험(水壓試驗)을 위하여 육상으로 이동하고 시험일시·장소·시험압력을 표시하여 가스를 채운 뒤 본선으로 반송 할 것.

Poop deck mooring winch

2. Disconnect and remove fractured windlass expansion box and rejoint and fit to place one new expansion box now on board the vessel.

(9) Crew's quarters

24″×8″×0.15″ steel plate doubler to be made and fitted over the following door frames at base where locally corroded.

chief steward's cabin door
Officers'galley door
Hospital door

(10) Life boat and safety equipment

1. Twenty four buoyancy tanks to be tested and replaced as original.
2. All fresh water tanks sixteen to be thoroughly washed out with boiling water, tested and proved to be in good order. Allow for repairing by patching or brazing two tanks and retesting.
3. Remove, weigh, and replace or check by other approved means contents of CO_2 cylinders.
4. Clear all lines with compressed air, test and inspect all gang releases alarms.
5. Any cylinder found to be below approved weight or empty is to be removed ashore for hydraulic testing to 1.5 times working pressure, stamped with date, location and test pressure, then refilled and returned to vessel.

6. 다음에 지정하는 휴대식 탄산가스 소화기를 검량(檢量)할 것, 정격 용량(定格容量)의 90% 보다 부족함이 판명된 실린더는 비우고 다시 채워넣을 것, 이들 실린더에는 금속제 표찰(標札)을 붙이고 검량과 재충전한 날짜를 각인(刻印)할 것.

(11) 상설보로(常設步路)·난간·사다리·오우닝

1. 우현 후부갑판의 사다리 발판을 용단(溶斷)하고 새 발판을 용접할 것. 재료는 24″×7″×0.25″인 플랜지가 붙은 격자판(格子板)이다.
2. 우현 중앙부 단정갑판(端艇甲板)의 오우닝 스탠션 5본을 현장에서 가열하여 곧바로 할 것.
3. 상설보로의 지지 프레임에 $2\frac{1}{2}$″×$2\frac{1}{2}$″×$\frac{1}{4}$″되는 보강산형강(補强山形鋼) 4본을 용접할 것.
   각 산형 강의 길이 는 3′-6″가 될 것임.

6. Weigh the following designated portable CO_2 fire extinguishers. Cylinders found to contain less than 90% of rated capacity are to be emptied and refilled. These cylinders are to be metal tagged and stamped with date of weighing and refilling.

   Four 10 lb. cylinders

   Ten 15 lb. cylinders

(11) Catwalk, hand rail, ladder, awning

1. Burn away the starboard side aft deck ladder steps and make, fit and weld new steps. Material 24″×7″×0.25″ flanged chequer plating.
2. Five awning stanchions on starboard side boat deck amidship to be heated and faired in place.
3. Supply, fit and weld four $2\frac{1}{2}$″×$2\frac{1}{2}$″×$\frac{1}{4}$″stiffening angles to the catwalk support frames each angle will be3"-6" in length.

제 3편 해사 통신문

제 1장 통신문 작성법

(1) 통신문의 7요소

영문서한(英文書翰)을 쓸 때에는 다음 7요소를 반드시 형식에 맞추어 써나가야 한다.

1. Address and Date. 발신인의 주소와 발신일자
2. Name of Receiver. 수신인의 성명
3. Address of Receiver. 수신인의 주소
4. Complimentary Opening. 수신인에 대한 경어(敬語)
5. Body of Letter. 본문(本文)
6. Complimentary Closing. 서한 말미에 사용하는 경어
7. Signature. 서명(署名)

1. 대체로 회사로고나 영업항목(營業項目)을 지면의 상부에 아름답게 인쇄된 경우가 많다.
   Date도 우단에 Seoul, _________ 2023. 과 같이 인쇄되는 일이 많으며 이를 Heading of a Letter라 부른다.
2. 수신인의 성명은 발신일자 다음 행의 좌측에 쓰며 Esquire (약자는 Esq.)란 경칭을 붙인다.
   지점장이나 과장을 가리키는 경우에는 Mister(약자는 Mr.)를 사용한다. 직위가 있는 자에게는 Sir. Doctor,(약자는 Dr.) Professor(약자는 Prof.) 등을 쓰고 정부고관 등에 대해서는 Honourable을 쓰는 경우가 있다.

기독교의 일반 교직자에게는 Reverend(약자는 Rev.), dean(사제장, 부감독)에게는 The Very Rev., bishop(주교, 감독)에게는 The Right Rev., archbishop(대주교, 대감독)에게는 The Most Rev.를 사용한다.

군인에게는 Admiral Kim, General Park 등과 같이 쓴다.

부인에게는 Mistress(약자는 Mrs.), 미혼부인에게는 Miss, 소년에게는 Master를 쓴다.

회사 귀중은 Messrs. 부인단체에는 Mesdames(약자는 Mmes), Miss의 복수는 Misses이고 The를 붙이는 일이 많다. '씨 방, 전교'는 c/o(=care of)이고 관청 앞으로 보낼 경우에는 To the Incheon Maritime Bureau, Chief, the Incheon Maritime Bureau와 같이 쓴다.

3. 수신인의 주소는 수신인의 성명 다음 행에 기입한다.

   T. Kim, Esq.,
   Busan.

   과 같이 쓰나 번지까지 상세히 쓸 필요는 없다.

4. 경칭(敬稱)은 남자에게는 Sir, Dear sir, My dear sir를 사용하고, 회사나 단체인 경우에는 복수로 하여 Sirs, My dear sirs, Gentlemen 등을 사용한다.

   상술한 1∼4까지를 예시하면

> Namyang Ⓝ Trading Co.,
> 24 Myeong dong, Chung-ku, Seoul, Korea
> Seoul ……………2023.
> Y. Kim, Esq.,
> Manager, Buk-yang Trading Co.,
> Busan.
> Dear sir,

<table>
<tr><td>

Namyang Ⓝ Trading Co.,
24 Myeong-dong Chung-ku, Seoul, Korea
Seoul……………2023.
Y. Kim, Esq.,
Manager, Buk-yang Trading Co.,
Busan:
Dear sir,

</td></tr>
</table>

위의 형식을 Indented style 또는 Indented form, 아래 형식을 Block style 또는 Block form이라 부른다.

5. 본문은 우리가 흔히 쓰는 편지처럼 문안인사가 없이 바로 요건을 쓴다. 오해 받을 문자나 문장을 피하고 정확하고 명료하게 요건을 써야 한다. 그러나 가끔 With season's greeting.이라고 써서 추위나 더위의 문안말씀을 대신하는 수도 있다.
6. 국문서한에서 경구(敬具)·불비(不備) 등에 해당되는 경어 중 가장 흔히 사용되는 것은 다음과 같다.

(A) 단수인 경우

① I remain,(I beg to remain,)
Sir,(Pear sir,)
② Your obedient servant,
③ I am, dear sir,
Your faithfully,(Yours truly.)

(B) 복수인 경우

① We are,(We remain,)
Dear sirs,(Gentlemen,)
② We remain,(We beg to remain,)
sirs, (Dear sirs, Gentlemen,)

③ Your obedient servants,

④ Yours truly, (Yours faithfully,)

⑤ 흔히 사용되는 약식경어는 Yours truly, Yours faithfully, Yours obediently, Yours very truly, very truly yours 등이다. 끝맺음의 경어는 수신인에 대한 경어로서 Sir를 사용했으면 Sir를, Dear sir를 사용했으면 Dear sir를 반드시 사용한다. Gentlemen을 절대로 Dear Gentlemen이라고는 하지 못 하며 Sir 또는 Sirs는 정중한 서한문에 사용하고 일반 상용문에는 Dear sir 또는 Dear sirs를 사용한다.

7. 편지를 타자로 해도 상관없으나 서명만은 반드시 펜으로 직접 써야 한다. 사장·중역 또는 지점장 등이 서명할 것 을 대서명하는 수도 있으며 선박에서도 선장 대신에 1등 항해사가 대서명하는 일이 많다.

P.P. Brown & Co., Y. Kim	또는	Brown & Co., P. Pro. Y. Kim

과 같다. P.P.는 Per procurationem이라는 라틴어의 약자로서 대리(代理)란 뜻이고, 그 약자는 P.P., P.Pro., Per Pro. 등 3종이 있다.

8. 날짜를 쓰는 방식은 다음과 같다.

6th Feb. 2023(영국식)

Feb. 6th, 2023(미국식)

Feb. 6. 2023(영미공통)

상술한 서한문의 서식을 총괄하여 일예를 들면

Seoul, Feb. 6. 2023,

Y. Kim, Esq.,

Busan.

Dear sir,

I shall feel obliged if you will favour me with a call at

your earliest convenience.

Yours truly,

Signature

또는

Seoul, Feb,. 6, 2023

Y. Kim, Esq.,
Busan.
Dear sir,
I shall feel obliged if you will favour me with a call at yours earliest convenience,

Yours truly,

Signature

(2) 통신문의 구성과 배치

서　　두	LETTER HEAD	
일　　자		Date
참조번호		Reference
주소성명	Inside Address	....
	....	
	....	
특정인명	Attention :	
인　　사	Salutation :	
제　　목	Subject	
	....	
본　　문	Body of Letter	
	....	

....

....

경 구		Complimentary Close'
회 사 명		Company's Name
서 명		(Writer's Signature)
타 자 자		Writer's Typed Name
직 책 명		Title
두 문 자	Initials	
동 봉 물	Enclosures	
사본 송부처	C.C.	
추 신		Postscrip

....

....

(3) 서한문 개시의 문구

1. ~에 대하여 말씀드립니다.

I beg to { state / announce you / inform you / notify you / advise you } that……

2. (1. 보다 공손한 서식)

I have the { plearuse / honour } to { states / inform you } that……

3. I beg leave to inform you that……

4. I have the pleasure of informing you that……

5. 실례를 무릅쓰고 …와 같이 알려드립니다.

   I take the liberty to { write / announce } you that……

6. I take the liberty of writing you that……
7. I am taking the liberty of writing you that……
8. On the { advice / recommendation } of Mr.~of { (place) / your city }.

   I nebture to write you that……
9. The purport of the present is only to advice you that……
10. I request you to note that……
11. Notice is hereby given that……
12. I respectfully beg to inform you that……
13. I take this opportunity to inform you that……
14. I beg to intimate you that……
15. Referring to mine of the 16th inst., I beg to send you.

(4) 「동봉(同封)하였습니다」라고 통지하는 경우

1. Referring to our last of the 10th. ult., I now have the honour in handing you enclosed copy of……
2. With further reference to your letter of 3rd July, I here with enclose a copy of letter which I have received this noon from which is self-explanatory.
3. For your further information, enclosed please find……
4. Enclosed please find……
5. I enclosed herewith the survey report of stowage for your information.
6. For your information, we enclose copies of letters exchanged between our agents and ourselves concerning on this matter.

7. 참고삼아 로스앤젤레스 대리점 앞 동일 일자 폐사 서한의 사본을 여기 동봉하였습니다.

   For your information, I enclosed herewith a copy of my letter of even date addressed to our Los Angeles agents.

(5) 답서를 쓸 경우의 문구

1. I am duly in { receipt / possession } of your { letter / favour } { of / dated } the 2nd { this month(inst.) / last month(ult.,) } and in reply I…

2. I { I have received / am in receipt of } your letter of the (date)……

3. { Yours favour (letter) / Yours } of the (date) { is duly to hand. / is at hand. / is duly received. / has come to hand. }

4. I beg to acknowledge the receipt of your { letter / favour } { of the (date). / Dated the (date) }

5. I beg to confirm my { letter / respects } of the (date).

6. Confirming my { letter / respect } of the (date), I beg to state that……

(6) 문의(問議)할 경우의 문구

1. I shall be obliged if you will inform me……
2. I shall deem it a favour if you will advise me……
3. I beg to ask you for information about……
4. I am taking the liberty of asking you to inform me……
5. I hereby wish to ask you weather you are personally acquainted with……

(7) 상대방의 「희망에 따라」「지시에 따라」등 의 문구

1. As per your request.
2. According to your demand (wishes, desires)
3. In compliance with your request, I have pleasure in enclosing a copy of……
4. In compliance with your telephone request this morning through Mr. Kim, I enclose herewith …… which I trust it will reach you without under delay.
5. In accordance with your suggestions in your letter, referred to this matter, I enclose herewith……
6. According to your instructions contained in your letter……

(8) 「회신이 없으므로」등의 문구

1. Since I wrote to you last, I have not had the pleasure of receiving of your letters.

2. Without a reply to the letter which I wrote you on the 27th inst.……
3. I am still without letter from you to reply to……
4. Being since then without letter from you to reply to……
5. Since then, I have not received a line from you,
6. I regret not having heard from you,

(9) 서한문 끝맺음의 문구

1. 귀하의 형편 닿는 대로 조속히 회답하여 주시기를 기다립니다.
   1. Awaiting { a reply / an answer } at your earlist convenience,
   2. Awaiting your early reply,
   3. Awaiting your instruction,
   4. Awaiting your further instructions,
   5. Awaiting the favour of your reply,
   6. Awaiting for your further favours,
   7. Hoping to hear from you soon,
   8. Hoping to hear favourably from you,
   9. Hoping to receive your reply at your earlist possible date,
   10. Will you kindly keep us well informed of further development, especially in regards to……
   11. I shall very much appreciate of you kindly……
   12. Awaiting your early reply per return of post.……
   13. Begging you to reply by return of mail……
   14. Requesting the favour of your reply at an early date.
   15. Your favour of early reply will oblige.

16. If you could write us by return, it would greatly oblige.
17. I request you to kindly let us have your answer as soon as possible.
18. Expecting your answer in the shortest possible time.
19. Awaiting an early and favourable response.
20. Hoping you will forward these to us at your carlist convenience,
21. We await your reply in due course.
22. We await your views in the matter.
23. e shall be glad to hear your opinion in the matter.

(10) 감사의 뜻을 나타내는 끝맺음의 문구

1. Thanking you in anticipation for your kind services.
2. Thanking you in advance.
3. Thanking you in advance for your kind attention to the matter.
4. Thanking you for your patronage (past favours) and trusting to receive a continuance for the same.
5. Repeating our thanks.
6. I beg to express my gratitude for your patronage(past favours) and solicit to be continued the same.
7. I solicit your immediate attention to this matter, and oblige.
8. I shall be pleased (glad, happy) if I can to reciprocate your kind services (offices).
9. Trusting you will give your prompt and carefull attention to the matter.

10. Commending this matter to your special attention.
11. Your immediate attention to this will oblige.
12. Trusting this will receive your immediate (prompt) attention for which I shall feel greatly oblige.
13. Your prompt attention to above will greatly oblige.
14. We trust you will have careful attention to protect our interest in any way.
15. Thanking you very much for your kind efforts in arranging the matter for the interests of all parties concerned.
16. We thank you very much for your kind efforts to protect our interest in this connection.
17. I shall be very much obliged if you take up the matter with the agents and duly notify us accordingly.
18. I shall be obliged if you will be good enough to notify the harbour master at to this effect.
19. I shall be obliged if you will act accordingly.
20. In any case, we believe you will do the best possible on behalf of all concerned.
21. Thanking for your kind favour and cooperation.

(11) 「여러가지로 폐를 끼쳐 드려서 죄송합니다.」등의 문구

1. Regretting the trouble we are causing you in the matter.
2. Regretting the trouble and obliged.
3. In the meantime, we beg to express ous regrets.
4. Please accept my apologies for the inconveniences the matter has give you.

5. Trusting you will excuse our troubling you and prompt attention to the matter will oblige.

(12) 수배(受配)를 의뢰하는 문구

1. The necessary arrangement for the best possibie settlement will oblige.
2. Regretting trouble and the best arrangement for the settlement will oblige.
3. Kindly note the above and please arrange the matter accordingly.
4. Trusting your kind attention to the matter for a favourable settlement and oblige.

(13) 의뢰 받은 사항에 대한 회신의 끝맺음 문구

1. Trusting the above will interest you.
2. Hoping the foregoing will get your approval.
3. I hope that the above lines have given you full details on the matter.
4. Trusting that above lines will explain the matter to your satisfaction.
5. Trusting that this will be satisfactory to you.
6. Trusting the foregoing will get your approval.

(A) [참고] 봉투 쓰는 법

A.B.C. Trading Co., Ltd.
3,1-ka, Chungmu-dong,
Chung-ku, Busan,
Republic of Korea

STEMP

VIA AIR MAIL

Eric Lytton, Esq.
3, Maygrove Terrace,
London, S. W. 10.,
England

(B)

Korean Lines & Co., Ltd.
11 Myeong-dong, Chung-ku
Seoul, Korea

STEMP

PRINTED MATTER

Mrs. Mary Smith
333, West 109 Street,
Broadway, New York
U.S.A.

제 2장 해사 통신문의 실예

제 1절 하역관계 예문

(1) 양하부족(楊荷不足) 반송 통지서 ①

A.B.C. Line　　　　　　No.______
M/V'Busan'

Monaco. 25th Dec., 2023.

The manager,
Agents, A.B.C. Line
Port Said

Busan/Port Said.

〈M〉	No. 303, 1C/-	Cheap Toy.
Alexandria	Incheon/Port Said.	
P.A. & Co.	No. 214 1C/-	Silk Goods.
G. & P.T.	No. 215 2C/-	Buttons.
Piraeus		

Short landed at your port.
Ex. M/V'Busan' Voy. 24 Out.

We beg to inform you that above four cases were over-carried to Monaco and arranged to forward the cases to your port by M/V'Seoul', due to sail hence on the 28th inst.

Yours faithfully,

Signature
M/V'Busan', Commander

Copy to:
Monaco Agents.
M/V'Seoul'.

제_________호

A.B.C. 선박회사

기선 부산호

모나코에서, 2023년 12월 25일

A.B.C. 기선회사
포트사이드 대리점장 귀하

부산 적하/포트사이드 양하

〈M〉

Alexandria	No. 303 완구(玩具)	1상자
P.G. & Co.	인천 적하/포트사이드 양하	1상자
G. & P.T.	No. 214 견직물(絹織物)	
Piraeus	No. 215 단추	2상자

귀항(貴港)에서의 양하부족의 건

<u>부산호 제24항차 왕항(往航)</u>

상기 4상자는 모나코에서 양하과잉(楊荷過剩)되었으므로 금월 28일 출항예정인 서울호 편으로 귀항으로 발송하도록 수배하였음을 통지합니다.

서 명

부산호 선장

사 본:-

모나코 대리점

서울호

(2) 양하부족(楊荷不足) 반송 통지서 ②

Naples, 25th Dec., 2023.

The Manager,
Agents, A.B.C. Line.
Naples.

Incheon/Port Said.

〈M〉
Alexandria No. 231 1 C/- Plastic Box.
Short landed at Port Said
Ex. my command voy. 16 out.

We beg to inform you that the above case was overcarried at your port. Please arrange to forward the same to the destination by M/V'Seoul', due to sail hence on the 28th inst.

Yours faithfully,

Signature
M/V'Busan', Commander

Copy to:-
Port Said Agents.
M/V'Seoul.'

2023년 12월 25일, 나폴리에서
A.B.C. 선박회사
나폴리 대리점
지점장 귀하

인천/포트사이드

〈M〉
Alexandria NO. 231 플라스틱 상자 1상자
본선 제16항차 왕항

<u>포트사이드에서의 양하부족의 건</u>

상기 화물 1상자가 귀항에서 양하과잉 되었으므로 금월 28일 출항예정인 서울호 편으로 양지(楊地)로 전송되도록 수배 바랍니다.

경 구

서 명
부산호 선장

사본 :-
포트사이드 대리점
서울호

(3) 양하부족된 화물이 발견되지 않았음을 통지

Antwerp, 24th Jan., 2023.

The Manager,
A.B.C. Line.
(Import Dep't)
London.

Masan/London, B/L #24 〈STCL〉
979 coils copper wire rods.
<u>Three packages short landed at your port.</u>

With reference to yours DR/LK of the 23rd inst., re the above shortage at your end, we regret to inform you that none of these packages has been found on board after the completion of discharging all cargoes.

At the time our shipment of the same at Masan, we stowed them in No. 5 L.H. with clean receipt.

Regretting our inabilityt throw any further light on the matter.

Yours faithfully,

Signature

M/V'Busan', Commander

엔트워프, 2023년 1월 24일

A.B.C. 선박회사
　런던 지점장 귀하
　(수입부)

마산/런던 , B/L #24, 〈STCL〉 동선(銅線)

<u>979코일 중 3코일 귀항에서 양하부족</u>

귀항에서의 상기 양하부족에 관한 귀 서한 DR/LK(금월 23일자)에 대하여 본선은 모든 양하를 완료한 후에도 본선 내에서 아무것도 발견하지 못하였음을 유감으로 생각합니다.마산항에서 상기 물품을 적하할 때 5호 하창(下艙)내에 클린 리시이트로 적재하였습니다.

본건에 관하여 이보다 더 밝혀 드리지 못함을 유감으로 생각합니다.

경　　구

서　　명

부산호 선장

(4) 양하지 지점 앞으로 해결·처지를 의뢰

Date__________

The Manager,
A.B.C. Line,
　Tokyo.

Re : 800 bags Siamese Rice transhipped at
Hongkong to Yours. B/L No. ______

I beg to refer you to the copy of my letter with regards to the shipment mentioned above dated 13th ult., addressed to our Agents at Hong Kong, which was sent to you.

Enceosed herewith, for the further reference, my letter of even date to Messrs Wilson & Co., which is self-explanatory.

I shall be obliged if you keep us informed in case any further developed in the matter.

Regretting trouble I am causing you and your best attention for a settlement will oblige.

I am, Dear sir,
yours faithfully,

Signature
Master'Busan'

홍콩 전적(轉積) 안남미(安南米) 300표에 관한 건

B/L No.__________

상기 하물의 선적에 관한 지난 달 13일자 홍콩 대리점 앞으로 귀하에게 보낸 서한의 사본을 참조 바랍니다.

참고로 윌슨 상회 앞의 동일자 본인의 서한을 동봉하오며 이로써자명할 것입니다.

본건에 더욱 다른 진전이 있는 경우, 알려 주시면 감사하겠습니다.

번거로움을 끼쳐 드려 죄송합니다. 본건의 해결에 힘써 주시면 고맙겠습니다.

(5) 손상 화물의 원인 조회에 대한 회답

Date__________

The Manager,
A.B.C. Line,
London.

In reply to your letter COF/HEN dated 13th, inst.,

refering to the damage to one case cotton goods, maP K rked from Busan.

I beg to state that the package in question was carelessly allowed to drop into the lower tween deck hatch way of No.3 hatch, whilst it was being carried out from upper tween deck by stevedores, causing the damage as states in your letter.

Trusting the explanation will make the matter clear to you. Regretting trouble and oblige.

I am, Dear sir,
Yours truly,

Signature
Commander

금월 13일자 귀한(貴翰) COF/HEN, 부산적하인(荷印)  면포(綿布) 1상자의 손상에 관한 문의에 대하여 회답드립니다.

문제된 하물은 3호 선창의 상부 중갑판으로부터 하역인부에 의하여 반출되었을 때에 부주의로 하부 중갑판의 해치웨이(艙口)에 떨어졌던 것입니다. 그리고 귀한에서 지적된 바와 같은 손상이 생겼습니다.

이 설명으로 원인이 판명되었다고 생각합니다.

누를 끼쳐서 죄송합니다.

(6) 할당여석(割當餘席)이 없음을 통지

Date__________

Messrs Smith & Co.,
Agents, A.B.C. Line,
Bombay.

With regards to accomodation for shipment stated in your letter of yesterday, I regret to advise you that my command have no more space allotted for yours, available for further shipment.

Thanking your kind arrangement.

Yours faithfully,

Signature
Master

어제 귀한에서 진술된 적하에 관하여 이미 이 이상의 추가 신청된 하물에는 귀항에서의 할당여석이 없음을 알려드리게 되어 유감으로 생각합니다.

친절하신 수배 감사합니다.

(7) 양하부족 하물에 대한 조회서의 회답

Date__________

The Manager,
Agents, A.B.C. Line,
Port Said.

Re : Two Bales Cotton shortlanded at Port Said

Ex, M/V'Busan'No. 15 Out.

Your letter EH/FE, dated 23rd inst. was received by us and

we beg to reply after close examinations, that we have no trace of them being short-shipped at Ulsan or mislanded elsewhere.

Yours truly,

Signature

Master, M/V'Busan'

면화(綿花) 2표 포트사이드에서 양하부족

기선 부산호 제15항차, 왕항

귀한 EH/FE(금월 23일자)를 받았습니다. 면밀히 조사하였으나 울산에서 적하부족 또는 기타지역에서 양하착오(楊荷錯誤)된 형적이 없었음을 알려 드립니다.

(8) 생토(生兎)를 적재할 수 있는지 선장에게 문의

London, 22nd Jan., 2023.

Captain K. Kim,

M/V'Busan,'

Antwerp.

We have been offered for shipment per your command between 75/100 live rabbits from London to Busan on account of important supporters.

We shall, therefore, be glad to learn, by return, whether you have any objection in carrying the animals.

Needless to say, full freight will be charged and B/L, issued and claused as under.

Shippers will provide suitable hutches and necessary food and also gratuity for attendance en route.

Generally there are six animals in one hutch which we

understand measures approximately.

4′- 6″×3′- 00″×2′- 00″

Yours faithfully,

Signature

Sub-Manager., A.B.C. Line

'on deck at shipper's risk'
'ship not responsible
for injury, loss or
mortality from what-
soever cause arising'

2023년 1월 22일 , 런던에서

기선 부산호
김 선장 귀하
엔트워프

중요한 후원자들에 의하여 귀선으로 75~100미의 산토끼를 런던으로부터 부산으로 선적하도록 신청을 받았습니다.

그러므로 이 동물의 운반에 아무 다른 지장이 없는지 회신하여 주시면 고맙겠습니다.

말할 필요없이 충분한 운임이 부과되고 다음과 같은 B/L을 발행하여 조항(條項)을 넣습니다.

하주는 적당한 우릿간과 필요한 사료를 준비하며 항해중에는 사육자에게 사례를 합니다.

일반적으로 한 우릿간에 6마리를 넣으며 치수는 대체로 4′- 6″×3′- 0″× 2′- 0″입니다.

서 명

A.B.C. 선박회사 부지점장

'갑판적(甲板積) 하주의 책임'
'어떠한 사정으로 일어난
손상, 손실 또는 폐사에
대하여서도 본선은 무관계'

(9) 상동에 대한 선장의 회신

Antwerp, 24th Jan., 2023.

The Manager,
(Export Iep't)
A.B.C. Line,
London,

Re: Live Rabbits.

We beg to acknowledge the receipt of your favour(RGK/KB), dated the 22nd inst., regarding to the shipment of the above cargo.

In reply herewith, we are able to accept the same on fore main deck of my command.

Please note and arrange with your goodness.

Yours faithfully,

Signature
Commander

M/V'Busan'

엔트워프, 2023년 1월 24일

A.B.C. 선박회사
런던 지점장 귀하
(수출부)

<u>생토에 관한 건</u>

생토 적하에 관한 금월 22일자 서한(RGK/KB)을 받아보았습니다.

여기 회신으로서 본선 전부갑판에 상기 화물을 인수할 수 있음을 알려드립니다.

부디 수배하여 주시기 바랍니다.

서 명
부산호 선장

(10) 할당여석의 유무에 대한 선장의 회답

Cape Town, 1st May, 2023.

Messrs Smith & Co.,
Agents, A.B.C. Line,
Cape Town.

I am in receipt of your letter of even date, enclosing with cargo list for which many thanks.

I understood that the cargo booked in the cargo list is good enough for the allotted space, but for the further applications, I am in doubt at present, whether I can take in or not.

I will let you know the exact available space after taking in half of the cargo mentioned in the list.

Thanking your kind arrangement.

I am, Dear sirs,
Yours truly,

Signature
Master

적하목록(積荷目錄)이 동봉된 오늘 날짜 귀한을 감사히 받았습니다.

적하목록에 예약된 하물은 할당여석에 충분하리라고 믿습니다. 그러나 추가분에 관하여는 더 받을 수 있을지 현재로서는 의문입니다.

목록에 있는 하물의 반량을 받은 후에 정확한 할당여석을 알려드리겠습니다.

친절하신 수배 감사합니다.

(11) 하표(荷標)가 혼적된 하물을 양륙시에 선별하도록 의뢰

Date__________

The Manager,
Smith & Co.,
Los Angeles.

Re: Hemp. Cebu/Los Angeles,
Several Marks Mixed.
Ex. M/V'Busan'Voy No.3 Out.

We beg to bring to your notice that we stowed the said hemp of several Marks mixed in No. I lower hold at Cebu, as we were pressed to complete the loading in a hurry, the ref ore, we had no time to separate the marks respectively.

Please have the said cargo assorted carefully when you land them from the barges.

Thanking in advance for your kind cooperation in the matter.

We are, Dear sir,
Yours truly,

Signature
Master, M/V'Busan'

대마(大麻), 세부/로스앤젤레스
하인 수종(荷印數種) 혼적
'부산호', 제3항차 왕항

본선은 세부항에서 하인이 수종인 상기 대마를 1호 하창에 혼적하였음을 알려 드립니다. 적하를 급히 완료하도록 서둘렀기 때문에 하인별로 분류할 시간이 없었습니다.

부선(艀船)으로 양륙할 때 주의하여 상기 화물을 분류하여 주시기 바랍니다.

본건에 관하여 귀하의 친절하신 협력에 감사드립니다.

(12) 여석이 있음을 다음 항구에 타전토록 의뢰

Macassar, 30th Oct., 2023.

The Manager,
Agents of A.B.C. Line,
Macassar.

R e: Telegram to Singapone

We regret to inform you that 1,567 tons of space are occupied by the European cargo against 1,400 tons of space allotted of which we had verbal agreement when we arrived at your port.

Please wire to Singapore as follow : -

'1,363 tons space available including for Colombo after discharging 419 tons tranship cargo.'

Thanking your kind cooperation and oblige.

Yours faithfully,

Signature
Commander, M/V'Busan'

싱가포르로의 타전

본선이 귀항에 도착하였을 때 구두로 양해를 구하였던 바 1,400톤의 할당여석에 대하여 유럽행 화물이 1,576톤의 여석을 점유하고 있음을 유감으로 생각합니다.

싱가포르에 다음과 같이 타전 바랍니다.

'접속하물(接續荷物) 419톤을 양하한 다음 콜롬보행 것을 포함하여 1,363톤의 여석이 있음.'

(13) 상동 전문 중 오기(誤記)를 정정토록 의뢰

No. Ex.

Macassar, 1st Nov., 2023.

The Manager,

Agents, A.B.C. Line,

Macassar.

Re: Available space at Singapore.

I have handed my letter No. T.C.L. to your staff when we finished loading cargo this morning. In the letter I carelessly wrote the available space 1,363 tons to be wired to our Singapore Branch which I missed to deduct for Batavia allotment 200 tons.

Please revise as follows :-

'1,163 tons space available including for Colombo after discharging 419 tons tranship cargo.'

Thanking you in anticipation of your kindness.

Yours faithfully.

Signature

Master, M/V'Busan'

<u>싱가포르에서의 적하여석</u>

오늘 아침 적하가 완료되었을 때 귀사 사원에게 소직의 편지(No. T.C.L.)를 수교하였습니다. 이 편지 속에 소직은 부주의하게도 바타비아 할당의 200톤을 공제하지 않고 할당여석을 1,363톤으로 기록하였으므로 다음과 같이 정정하여 폐사의 싱가포르 지점으로 타전하여 주시기 바랍니다.

'접속하물 419톤을 양하한 다음 콜롬보행을 포함하여 여석은 1,163톤임.'

귀하의 친절에 대하여 감사드립니다.

(14) 어유(魚油) 양하에 대한 의견

T.C. No. 5.

London, 15th Dec., 2023.

The Manager,
A.B.C. Line,
London.

<u>Sardine oil in Bulk.</u>

We loaded 373 tons of the above cargo in our'A' Deep Tank at Pohang destinated for Rotterdam, having none of Bulk oil in our'B' Deep Tank. When we will discharge the same, shall we use our ships pump or consignee's?

We wish to use consignee's pump, considering the case we may load the edbile bean oil to be discharged by our ship's pump, because it is very difficult to make them clean suitable for the bean oil after using for stinking sardine oil. And we arranged heating coil in the same tank and when we loaded it at Pohang we observed temperature 76℉, and at London 65℉. Are there any necessity to heat them up by the heating coil, if it is necessary to do so, please kindly inform us the limit of the heating temperature and make arrangement about the pumping by consignee, if possible.

Hoping your kind instruction and thanking you in anticipation and oblige.

Yours faithfully,

Signature

Master of M/V'Busan'

정어리 기름에 관한 건

본선은 포항에서 로테르담행 정어리기름 373톤을'A' 디프탱크(深槽)에 적재하였으며'B' 디프탱크에는 산유(撒油)를 적재하고 있지 않습니다. 상기 하물을 양륙할 때에 본선의 펌프 또는 하주외의 것을 사용합니까?

본선은 식용두유(食用豆油)를 적재하게 될 경우를 고려하여 하주의 펌프를 사용코자 합니다. 왜냐하면 악취를 품기는 정어리기름을 양륙하는 데 본선의 펌프를 사용하면 두유 적재에 적합하도록 청소하기가 매우 곤란하기 때문입니다. 본선 디프탱크에는 가열관(加熱管)이 준비되어 있으며 포항에서 적재하였을 때에는 76CF로 관측되었고 런던에서는 65°F였습니다. 가열관으로 가열해야 할 필요가 있겠습니까? 만일 그러할 필요가 있다면 가열온도의 한계점을 알려 주십시오. 가능하면 하주의 펌프를 수배바랍니다.

친절하신 지도를 바랍니다.

(15) 감독(監督)에게 적하법의 지시를 요구

Antwerp, 18th May, 2023.

Captain, Monryong Rhee,
Superintendent,
London.

We beg to inform you that we learned that much quantity of expected cargoes were cancelled to be shipped to our steamer at this port.

Upon such condition of cargoes, we should like to have your instruction as soon as possible if you are going to fill up the reserve bunker hold with coal, which as you understand is the most important hatch to give the weight to the ship's hull.

In that hatch, we now stowed brick in the tween deck at Rotterdam and Singapore cement in the under bridge space at Antwerp.

Waiting your prompt instruction.

Yours faithfully,

Signature
Master, S/S'Pohang'

앤트워프에서
2023년 5월 18일

런던 감독
이몽룡 선장 귀하

당항에서의 본선으로 예정되었던 적하의 대부분이 취소되었음을 듣고 한 말씀 드립니다.

이러한 적하상태에서 귀하는 예비탄고(豫備炭庫)를 석탄으로 채우시

려는지 가급적 신속히 귀하의 지시를 얻고자 합니다. 아시다시피 이 선창은 선체에 중력을 가하는 가장 중요한 장소입니다.

이 선창에는 우리는 로테르담에서 중갑판에 벽돌을, 그리고 앤트워프에서 선교하석(船橋下席)에 싱가포르의 시멘트를 적재하고 있습니다.

귀하의 신속한 지시를 기다립니다.

서 명
기선 '포항호' 선장

(16) 손상하물의 조회에 대한 회답

Middlesbrough, 3rd Jan., 2023.

The Manager,
Import Dep't,
A.B.C. Line,
London.

Re: Damaged hemp discharged at Rotterdam.

We have received yours of the 2nd inst. RD/FEF, enclosing boat note and we beg to report, of our opinion that this cargo had been wet prior to shipment although at the time of shipping they had been apparently dry on the surface.

At Singapore these bales were stowed with our special care in No.5 T.D. (port wing) with sufficient dunnages to ensure being no damaged by wet.

We were very surprised to hear of this damage except 24 bales which were stowed separately in No.3 hatch, all the bales were apparrently in good condition on surface and there was no way of our knowing the condition of the contents unless some bales were opened, but they might have been damped inside and the dampness came out again by heat en route.

Your truly,

Signature
Master, M/V'Busan'

로테르담에서 양하된 손상 대마의 건

보트 노트가 동봉된 금월 2일자 귀한 RD/FEF를 받았습니다. 이에 대한 우리 의견을 말씀 드리자면 이 하물은 적하 당시 표면이 건조된 듯 보였으나 선적 전에 젖어 있었다고 봅니다.

싱가포르에서 이들을 적재할 때에 습기로 손상을 받지 않도록 충분한 더니지(짐밑 깔개)를 사용하여 5호 중갑판(좌현)에나 특별히 주의하면서 적재하였읍니다.

3호창에 별도로 적재한 24포를 제외하고 이 손상이 있었음을 듣고 우리는 매우 놀랐습니다. 모든 포대는 표면은 거의 양호한 상태였으므로 포대를 열지 않는 한 내용물의 상태를 알 수 없었습니다. 그러나 그들은 내부가 젖어 있었는지 모르겠으며 항해 중 열에 의하여 습기가 다시 밖으로 나왔는지 모르겠습니다.

(17)'냉장고 온도표'방송문

S/S'Ulsan'

Hongkong, 26th June, 2023.

The Manager,
A.B.C. Line,
Hongkong.

Marseilles/Hongkong

<u>Chocolate ex my Command V. 16-H.</u>

In reply to your letter H.I.S. No.39, dated the 24th inst., we beg to enclose herewith an extract copy of Engineer's log, showing temperatures of the ship's chamber en route.

Yours faithfully,

Signature

Commander, S/S'Ulsan'

Copy to:-

마르세이유 적하/홍콩 양하

<u>본선 제16항차 복항(復航)의 초콜레이트의 건</u>

귀한 H.I.S. 제39호(금월 24일자)에 대한 회신이며 항해 중의 기관일지로부터 발췌한 본선 냉동고의 온도표를 여기에 동봉합니다.

(18) 파업으로 하역이 불가능함을 본사로 통지

Colombo, 24th Feb., 2023.

The President,
(Freight Dep't)
A.B.C. Line,
Seoul.

Re: Our carriage of Colombo, cargo to Suez.

<u>per M/V'Busan' Voy. No. 12 Out.</u>

We beg to inform you that, owing to the labourer's strike at this port, it is impossible to discharge all packages of Colombo cargo which shown in attatchel list, therefore we have decided to overcarry them to Suez according to the Agents' advice, which please note.

Yours truly,

Signature

Master, M/V'Busan'

콜롬보 양하물을 수에즈로 전송하는 건

'부산호'제12항차 왕항

당항에서의 인부 파업으로 인하여 동봉된 목록에 지적된 콜롬보 양하물의 전부를 양륙하지 못하였습니다. 따라서 대리점의 권고에 따라 이들 하물을 수에즈로 이월(移越)하기로 결정하였음을 보고합니다.

(19) 사고하물에 대한 배상청구서(賠償請求書)의 예

K-58, 19th, Jan., 2023.

Messrs. Gundo & Co., Ltd.

Busan

Claim on three(3) boxes and thirteen(13) cartons of Camel

With reference to our conversation we had yesterday with your Mr. N. Kim for the shortage of above mentioned items which were stolen by your labourers.

We are enclosing herewith our debit note No. C-37-007 in the amount of \300,370,00 (US$600.74) for loss of 163 cartons.

Please acknowledge receipt and make settlement at your earliest convenience.

Very truly yours,

B.D. Smith

Manager pf Smith & Co.

DEBIT MEMO
SMITH & CO.
P.O. Box 1183
Busan, Korea.

Debit to: Gundo & Co., Ltd.　　Date: 2/st Jan. 2023.
Address: Busan　　Debit Memo: No. C-37-007
Reference Invoice No.____

TERMS:

Quantity	Commodity	
	Claim for 163 cartons of Camel cigarettes.	
	Pr carton CIF Price, US$ 0. 81 Total claim amount for 163 cartons	US$ 132.03
	Import duty for US$ 132. 03(163 cartons)	463.71
	Total amount	US$ 600.74
	Ex. US$1.00 to \500.00	\300,370. 00
	Smith & Co. by__________ C.C. Seattle sec't.	

<u>캐멀 3상자 및 13카아턴에 대한 손해배상 청구</u>

귀사 인부에 의하여 도난당한 상기 물품의 부족에 대하여 어제 귀사의 김씨와 이야기한 것입니다.

폐사는 163 카아턴의 손실에 대한 300,370.00원($600.74)의 차변표(借邊票) No. C-37-007을 여기에 동봉합니다.

수납하시고 신속한 해결을 바랍니다.

제 2절 사고보고·기타

(1) 하역인부의 과실에 의한 하물 손상보고

Date__________

Messrs, Smith & Co.,
Agents, A.B.C. Line
San Francisco.

Re: Damage to silk goods Busan/San Francisco.

Marked 〈F.M.〉/P.S. 123 ex. M/V'Busan'V-2 Out.

I regret to report you that while discharging operation at No.3 hatch, at about 2300 one case marked 〈FM〉/P.S. 123 silk goods had slipped off the sling, through the fault of stevedores and fell into the sea between the ship and quay.

The said case was immediately picked up by them and was brought to the notice of the chief stevedores on board and Agent's representative Mr. Wilson, please acknowledge the above and settle the matter accordingly and oblige.

Yours faithfully.

Signature
Commander, M/V'Busan'

부산적/샌프란시스코양 견직물 손상에 관한 건

'부산호' 제2항차 왕항 , 하인 <F.M>/P.S. 123

오후 11시경 3호창에서의 양하작업중 하인 $\frac{\langle FM \rangle}{\text{P.S. } 123}$ 견직물 1 상자가 슬링으로부터 벗겨져 하역 인부의 과실로 선박과 잔교(钱橋) 사이의 바다로 떨어졌음을 보고하는 것을 유감으로 생각합니다.

그 상자는 즉시 하역인부에 의하여 인양되고 승선 중인 인부감독 및 대리점 대표자 윌슨씨에게 통보되었습니다. 상기를 확인하시고 본건을 적절히 조치하여 주시면 감사하겠습니다.

(2) 하역인부의 과실에 의한 손상의 확인서 요구

Our Ref. File: M-4/N

Busan. 6th March, 2023.

P.O.Box No. 12345.

Busan, Korea.

Messrs. Bando & Co.,
Stevedoring Section,
Busan,

S/S'Good Hope'

With regard to the damage to the above vessel's No.2 starboard derrick, caused by your labourers, and which has been repaired under your arrangements, wo should be grate-full if you would formally acknowledge your liability for the damage, cost of repairs, survey fee, and consequent expenses by signing and returning to us 4 copies of this letter attached.

We are, Dear sirs,

Yours faithfully,

Signature
Master, S/S good Hope

서류번호 : M-4/N
부산에서, 2023년 3월 6일
사서함 번호 : 12345호

반도상회 귀중
하역인부부

'구드 호프호'에 관한 건

귀사 하역인부에 의하여 손상된 상기 기선의 2호 우현 데릭은 귀사의 수배로 수리되었습니다. 만일 그 손상에 대하여 수리비, 검사비, 기타 비용에 대한 책임을 형식상 승인하시고 동봉된 사본 4통에 서명하여 반송하여 주시면 감사하겠습니다.

서　명
구드 호프호 선장

(3) 대리점 앞으로 사고처리 의뢰

Date__________

Messrs. Smith & Co.,
Agents, A.B.C. Line,
Aden.

Re: Damage to hold ventilator.

Confirming our verbal agreement of this morning with youi representative Mr. Wilson with regard to the damage to the hold ventilator of No.3 cargo hold due to the fault of the stevedores, when they were putting in the shifting beam.

As we have no time to have the same repaired before we leave, it will be repaired at home and the repairing account will be forwarded to you from our head office in due course.

Please acknowledge the above and confirm.

I am, Dear sirs,

Yours faithfully,

Signature

Commander, M/V'Busan'

Copy to:-

Head Office,

Busan superintendent.

선창 통풍통 파손에 관한 건

하역인부가 빔을 옮기고 있었을 때에 인부의 과실로 3호 창의 통풍통에 손상을 가한 건에 관하여 귀사 대표자 윌슨씨와 오늘 아침 구두로 동의하였음을 확인합니다.

출항 전에 상기를 수리할 여지가 없으므로 귀국 후에 수리하고 수리 계산서는 차후 본사로부터 보내겠습니다.

상기를 승인하시고 선처 바랍니다.

(4) 손상보고서(損傷報告書)

M/V'Busan'

Hamburg, 5th Jan., 2023.

T.D. No.9.

Messrs, P. V. Smmeren,

Agents of A.B.C. Line,

Hamburg.

Re: Damage by Lighter'Moon light'.

We regret to inform you that at 1435 today, the head wire of the lighter'Moon light'(which was lying alongside of us) caused damage to our upper bulwark plating, amidship on port side.

This damage was caused through an unreasonable strain being placed on the wire and also through the wire being secured to an unproper position of our ship, namely on the bottom bolt of the bulwark door.

This accident was witnessed by Mongryong Lee, Chief officer, Mr. E.S. Kent, pilot, Hakdo Byon, Store keeper, Bangja Kim, quartermaster and the lighterman's attention was at once called and he was shown the damage and given to understand that he was entirely to blame for it.

Therefore we should be much obliged if you will attend to this matter as soon as possible so as to have the damage repaired, if possible before sailing and also inform the owner of the lighter'Moon light'that they are entirely responsible for this damage.

Thanking you in anticipation.

yours faithfully,

Signature

Commander, M/V'Busan'

부선'문라이트'에 의한 손상

오늘 14시 35분 본선에 접현하고 있던 부선'문라이트'의 선수 와이어가 본선 좌현 중앙부의 불워크 상부에 손상을 가한 사실에 대하여 통지하는 것을 유감으로 생각합니다.

그 손상은 부선의 와이어에 부당한 장력이 걸린 것과 그것을 본선의 부적당한 장소, 즉 불워크 도어의 하부 볼트에 매단 것이 원인입니다.

이 사고는 1등 항해사 이몽통 , 도선사 켄트씨 , 갑고수 변학도 및 조타수 김방자가 입증하고 있습니다. 즉시 부선 선두에게 이를 알려 손상을 보이고 이에 대하여 모든 책임이 있음을 이해시켰습니다.

그러므로 가급적 신속히 이 건에 관하여 대책을 강구하고 가능하면 출항전에 수리하도록 하며, 또한 부선'문라이트'선주에게 이 손상에 대하여 모든 책임이 있음을 통지하여 주시면 고맙겠습니다.

미리 감사 드립니다.

(5) 가해손상(加害損傷) 조회에 대한 회신

Port Said, 8th May, 2023.

The Superintendent,
A.B.C. Line,
London.

Re: Mooring wires of S/S'Eupatoria'.

We are in receipt of your favour dated 29th April, 2023, with quite unexpected surprise.

At 1700 of 24th April, we left Antwerp, following after Hansa Line steamer, and at the time of passing along shed No. 19 where S/S'Eupatoria' was moored, we kept very little head way with dead slow engines, and also we couldn't have such speed as blamed by Messrs. Bulcke & Co., owing to my command was too close to the steamer just ahead of us.

We sighted another steamer was making her way to the

Stream from Alexandria Dock Gate, consequently there was absolutely necessary to reduce her speed to the minimum for waiting the fairway clear.

In these circumstances, how could we have so much speed as breaking ordinal mooring wires? But, if the breakage of wires was caused by our slightest speed, we couldn't help taking that wires themselves might have been too old and not strong enough for mooring purposes, or were not equally tightened.

Anyhow we can affirmatively state that it was not fault of our side.

We shall be much obliged if you will get witness of Belgian pilot Mr. Sytor.

We remain, Dear sir.

Yours faithfully,

Signature

Commander, M/V'Busan'

<u>기선'오이파토리아'호의 계류색에 관한 건</u>

2023년 4월 29일자 귀 서한은 전혀 예상하지 못한 놀라운 내용이었습니다.

본선은 4월 24일의 17시에'한자라인'기선의 뒤를 따라 앤트워프를 출항하였습니다. 그리고'오이파토리아'호가 계류하고 있던 19호 안벽을 따라 통과하고 있었을 때에 본선은 극미속으로 매우 서서히 전진하고 있었습니다. 또한 본선은 바로 앞에 기선이 접근하고 있었기 때문에'불케'상회로부터 비난받을 만한 속력을 낼 수 없었습니다.

우리는 알렉산드리아 도크 게이트로부터 흐름에 따라 진항 해 오던 다른 기선을 보았으므로 그 선박이 항과할 때까지 속력을 최소한으로 감속하는 일이 절대적으로 필요했었습니다.

이러한 상태에서 어떻게 하여 보통의 계류색을 절단할만한 속력을 낼 수 있었겠습니까?

그러나 만일 본선의 최저 속력으로 와이어가 절단되었다고 한다면 그 와이어 자체가 너무 낡아서 계류용으로 충분히 강고하지 않았거나 균등히 긴장되지 않았었다고 밖에 생각할 수 없습니다.

아무튼 우리는 그것이 본선측 과실이 아니었다고 확신하며 말씀드릴 수 있습니다.

우리는 벨기에 도선사 사이토르씨의 증언을 채택하여 주시면 매우 고맙겠습니다.

(6) 정박 중에 당한 충돌사고 처리 의뢰

Date__________

Messrs. Smith & Co.,
Agents, A.B.C. Line,
Dover.

Re: Collision with S/S'White Rose.'

I beg to bring to your notice the following mishap happened this morning to my command while she was moored at P. ection of No.3 pier in this port.

At about 0845 when S/S'White Rose' was berthing to R. section of same [ler came into contact with her starboard bow to our port quarter, causing damage thereto.

Would you take the matter up with Owners or Agents of the above named vessel to let them accept the liability for the damage sustained and also request them to send their representative to us together with yours as soon a possible, in view of ascertaining the extent of our damage received.

For your reference, enclosed copy of my letter to the master of the S/S'White Rose.'

Trusting your prompt attention in the matter.

Yours truly,

Signature
Commander, M/V'Busan'

기선'화이트 로즈'호의 충돌 건

당항 제3 안벽 P구에 본선이 계류 중 오늘 아침 다음과 같은 불상사가 본선에 일어났음을 알려 드립니다.

08시 45분경에 기선'화이트 로즈'호가 같은 안벽의 R구에 계류하려고 하고 있었을 때에 우현선수를 본선의 좌현선미로 접촉하여 거기에 손상을 생기게 하였습니다.

상기 선명의 선주 또는 대리점과 이에 대하여 그 받은 손해에 관한 책임을 지게하고 또한 귀사 사원과 함께 가급적 신속히 그들의 대표자를 본선으로 보내어 받은 손해정도를 확인하도록 수배 바랍니다.

참고로 상대선'화이트 로즈'호 선장 앞의 편지 사본을 동봉하였습니다.

본건에 관하여 신속한 수배가 있기를 확신합니다.

(7) 상기 사고에 대한 상대선 선장 앞으로의 편지

Date__________

To the Master,

S/S White Rose'.

I beg to advise you that your steamer touched on my command when you were proceeding to your berth this morning.

My command was moored at No.3 pier P. section at the time of acoilent, which please note.

I hereby notify you that I hold you liable to the damage and loss sustained due to this collision.

Yours truly,

Signature
Commander, M/V'Busan'
A.B.C. Line,

오늘 아침 귀선이 계류소로 항진 중 본선에게 충동하였음을 통보합니다.

본선은 충돌 당시 제3 안벽 P구에 계류하고 있었음을 주목하여 주십시오.

우리는 그 충돌에 의하여 받은 손해와 손실에 대하여 귀하에게 책임이 있음을 통지하는 바입니다.

(8) 하역 중 갑판원의 사고사(事故死)를 통지

Date__________

Messrs. Smith & Co.,
Agents. A.B.C. Line,
Naples.

Re: Accident to Ilnam Park, Sailor.

I deeply regret to inform you that the above sailor accidentally fell down into No.4 L.H. from tween deck at 1030 while engaging as down-below man and was seriously injured on his head.

The injured was given immediate medical treatment by the ship's surgeon temporary and was removed to the hospital on shore, but he passed away in course of operation at 1115 on the 25th, May, 2023.

Would you kindly take the matter up and make necessary arrangement for the matter and oblige.

Regretting the troubles we are causing you in the matter.

Yours faithfully,

Signature
Master, M/V'Busan'

<u>갑판원 박일남의 사고에 관한 건</u>

오늘 아침 10시 30분에 4호창 중갑판으로부터 하창으로 창내 감시원으로 종사 중 과오로 상기 갑판원이 낙하(추락)하여 두부에 중상을 입었음을 보고하는 것을 심히 유감으로 생각합니다.

이 부상자는 즉시 본선 선의의 응급조치를 받은 후 육상의 병원으로 이송되었으나 수술 중 2023년 5월 25일 11시 15분에 사망하였습니다.

이에 대하여 필요한 수배를 하여 주시면 감사하겠습니다.

본건으로 귀하에게 번거로움을 끼쳐드려 죄송합니다.

(9) 하역준비 중 인부의 부상을 통지

Date__________

Messrs, Smith & Co.,
Agents, A.B.C. Line,
Bombay,

<u>Re: Accident to one labouror.</u>

I regret to inform you a accident occured on this morning. At about 08C0 when stevedore's hands commenced to take off the coverings of No.2 hatch, one of the labourors carelessly fell down into the lower hold together with one of the hatchboards and seriously injured.

Immediate medical treatment was given by ship's surgeon, and was sent to hospital on shore by stevedore.

As you are aware of, the hatchboards and shifting beams on my command were in good fit and perfect condition, and the accident was solely due to the negligence of the labouror, which please note.

Kind arrangement to the matter will oblige.

I am. Dear sirs,
Yours faithfully,

Signature
Master, M/V'Busan'

하역인부의 사고에 관한 건

오늘 아침 일어난 사고를 귀하에게 통지함을 유감으로 생각합니다. 8시경에 2호창의 커버를 하역업자측에서 떼어내기 시작했을 때에 인부의 한 사람이 부주의하게도 해치 보드와 함께 하창으로 추락하여 중상을 입었습니다.

즉시 본선 선의의 치료를 받고 하역인부에 의하여 육상의 병원으로 보내어졌습니다.

아시다시피 본선의 해치 보드와 시프팅 빔은 잘 끼워졌었고 완전한 상태였습니다. 그 사고는 전혀 추락된 인부의 부주의였음을 양해바랍니다.

본건에 대한 친절하신 조치가 있으면 고맙겠습니다.

(10) 접현(接舷)에 의한 본선의 손해배상을 요구

Date________

Messrs, Smith & Co.,
Agents. A.B.C. Line,
Los Angeles.

Re: Damage to gangway ladder.

I regret to report you that the stevedore's steam launch 'Sea Gull', rushed against oar gangway ladder, at about 0930 today, causing a big crack on main piece to such extent as it will have to be replaced.

As we have only one ladder, we hope to have the same repaired right up in this port by stevedore's account.

Enclosed please find the skipper's memorandum and it will serve you as a reference for the settlement of the matter.

Trusting your kind attention to the above.

I am, Dear sirs,
Yours faithfully,

Signature
Commander, M/V'Busan'

현문 사다리 파손에 관한 건

오늘 오전 9시 30분경 하역업자의 란치가 현문 사다리로 돌진하여 와서 수리하지 않을 수 없을 만큼의 큰 균열을 메인 피스에 생기게 하였음을 보고하는 것을 유감으로 생각합니다.

우리는 현문 사다리를 하나 밖에 갖고 있지 않으므로 즉시 하역업자의 비용으로 당항에서 수리하여 주시기를 바랍니다.

란치 선장의 각서를 동봉하였으므로 이것이 이 문제의 해결에 참고가 될 것입니다.

상기에 대하여 귀하의 친절하신 배려를 믿습니다.

[주] 하역사무의 협의나 하역작업 등으로 본선 현문 사다리로 오는 란치에 의하여 사다리가 손상되는 일이 자주 있는데 이때에는 반드시 현문 당직자에게 그 란치의 이름과 연돌 마크를 기록하게 하고 현장

확인서(現場確認書)를 받아두어야 한다. 손해를 입힌 채 도주해 버리면 보상받을 길이 없어진다.

(11) 현장 확인서(現場確認書) ①

Date__________

To the Master,
M/V'Busan',
in port.

I duly accept the liability for the damage caused the open rail abreast No.3 hatch, port side, which caused through the fault of our hands during the discharging of iron sheet at this port, at about 1030 on the 31st January.

Kindly repair at any port you like and charge the expence of repairs to our account through your Agents at the port of repaired.

Yours faithfully,

Signature
Chief Stevedore

당항에서 철판의 양하작업 중 1월 31일 오전 10시 30분경 우리 인부의 과실로 인하여 귀선 3호창 좌현에 나란한 레일에 가한 손상에 대하여 책임질 것을 승인합니다.

귀하가 희망하시는 어느 항구에서 수리하시고 수리한 항구에서 귀하의 대리점을 통하여 우리 계좌에 수리비용을 부과하시기 바랍니다.

[주] 어떤 사고가 있을 경우 하역 책임자의 현장 확인서를 받아두지 않고 구두로만 승인 받으면 복구할 때에 증거가 되지 않으며 후일 분쟁의 원인이 된다. 그러나 이들은 여간하여서는 확인서를 써주지 않으므로 본선에서 타자하여 작성하고 서명만을 받도록 한다. 시기는

출항 전 본선에서 Stevedore's bills에 여러 가지 서명을 할 때에 하역감독에게 교환조건으로 서명을 시키면 된다.

(12) 현장 확인서(現場確認書) ②

Date___________

To the Master,
M/V'Busan',
in port.

This will be your authority to proceed with the repairing of the dented open rail abreast of No.3 hatch (port side) which, we are sorry to say, was damaged through the mishandling of our hands during the discharging of iron sheet at this port at about 1030 on the 31st January.

Charge the expence of repairs to our account.

Yours faithfully,

Signature
Chief Stevedore or Foreman

1월 31일 오전 10시 30분경 당항에서 철판을 양하 중 우리 인부의 과실로 인하여 유감스럽게도 귀선 3호창 좌현에 나란한 레일을 곡손(曲損)되게 하였으므로 수리는 귀하에게 위임합니다.

수리비는 폐사가 부담합니다.

(13) 현장 확인서(現場確認書) ③

Date___________

To the Master,
M/V'Busan'
in port.

Re: Damage to hand rail.

I agree that the hand rail abreast No.3 hatch (port side) of your command was damaged at about 1030 on the 31st January owing to the mishandling of winchman under my supervision and also agree that the same will be repaired completely at any port you like at my expence.

Yours truly,

Signature

Chief Stevedore

레일 파손에 관한 건

1월 31일 오전 10시 30분경 당항에서 본인의 감독 아래 윈치맨의 과실로 인하여 귀선의 3호창 좌현에 나란한 핸드 레일의 손상에 대하여 책임질 것을 동의합니다. 상기 손상을 폐사 계정으로 귀하가 원하는 항구에서 완전히 수리하는 것도 동의합니다.

(14) 대리점 앞으로 손해배상 청구를 의뢰

Date__________

Messrs. Smith & Co.,
Agents. A.B.C. Line,
Buenos Aires.

Re: Damage to rail.

We beg to advise you that while discharging operation at No.3 hatch about 1030, cargo hook caught on the open rail on port side, causing the dent damage to the same about 2feet. This is undoubtedly through the fault of stevedore and we hold them responsible for the damage sustained for which please refer to the memorandum of chief stevedore enclosed therewith.

We shall have to get it fixed at next port and the bill will be sent to you in due course, through our Agents there, please settle the matter accordingly and oblige.

Yours truly,

Signature
Master, M/V'Busan'

레일 파손에 관한 건

오늘 오전 10시 30분경 3호창 양하작업 중 카고 후크가 2피트 가량 좌현 오픈 레일을 곡손케 하였음을 통지합니다. 이는 의심할 것도 없이 하역인부의 과실에 기인하였으며 그들의 책임입니다. 감독의 각서를 동봉하오니 참조바랍니다.

차항에서 수리하고 계산서는 순서를 밟아서 귀사 대리점을 통하여 보내겠으며 본건을 조처하여 주시면 감사하겠습니다.

(15) 밀항자(密航者) 조처 의뢰

Date__________

The Manager,
Messrs. Smith & Co.,
Agents, A.B.C. Line,
Las Palmas.

Re: One stowaway from M/V 'Busan'.
Voy. No. 16, Homeward.

I regret to report you that after leaving Barcelona on the 12th inst., a man by name of Carlos Jordan, aged 18, Spanish, was found hidden in store room under poop for the purpose of stowing himself away to Panama.

Kindly arrange to put the stowaway in charge of the Police Authorities and transfer in due course.

Please arrange the matter and act according to the further instruction from our Head Office.

Regretting the trouble and your kind attention in the matter will oblige.

Yours truly,

Signature

Commander, M/V'Busan'

'부산호'제 16항차 복항, 밀항자에 관한 건

금월 12일 바르셀로나항 출항 후 한 사람의 밀항자, 성명 카르로스 호르단, 연령 18세인 스페인인이 선미루 갑판 하의 창고 속에 숨어서 파나마항으로 밀항을 기도하고 있던 것을 발견하였음을 유감으로 생각합니다.

이 밀항자를 경찰관청으로 인도하여 송환토록 수배 바랍니다.

본사의 지시에 따라 본건을 조처하시기 바랍니다.

폐를 끼쳐 죄송하오며 본건에 관한 귀하의 친절한 배려를 감사합니다.

제 3절 해사검정 인정서(Survey report) 관계서식

(1) Survey report ①

Survey Report.

Report No. 7715.

Busan, 7th Jan., 2023.

S/S'Good Hope'

This is to certify that the undersigned Surveyor to this Company, did, at the request of the owner's Agents, King Steam ship Co., attend the single screw steel steamer'Good Hope'of British on the 4th Jan., 2023 and subsequent dates in order to examine and report upon damage to No.1 cargo boom, portside. For further particulars see report as follows:

Upon Examination Found:	Recommended:
1. The No.1 port cargo boom had a hole near tip. Hole approximately 1″×4″ running horizontal.	1. Hole to be rounded off at ends. Boom to be reinforced through the damaged area by the fitting of a wrapper around boom.

The above damage repairs were carried out as recommended, at the request of master, the boom was tested to a load of 12,500 pounds and a certificate of testing issued. Sea certificate No. KO-7716 issue date 7th Jan., 2023.

Signature

Surveyor

해사검정 인정서(검사 보고서)

보고번호 7715호 부산에서

2023년 1월 7일

굿 호프호

선주 대리점 킹 기선회사의 요구에 의하여 폐사의 검사관은 싱글 스크루우 강선 굿 호프호(영국적)로 서기 2023년 1월 4일 및 그 익일에 1호 좌현 카고 붐의 손상을 검사하고 보고하기 위하여 출장하였음. 다음의 자세한 보고 참조.

검사 후 발견된 사항	추천공사
1. 1호 좌현 카고 붐에는 선단 부근에 구멍이 있었음. 구멍은 약 1″×4″이며 수평으로 뻗었음.	1. 구멍은 선단을 둥글게 할 것. 붐은 붐 주변을 봉띠(그릴과 밴드)를 끼워 손상 부분을 강화할 것.

상기 손상수리는 추천공사와 같이 실시되었음. 선장의 요구에 의하여 12,500파운드의 붐 부하시험을 실시하여 시험증명서를 발행하였음. 증명서 번호 KO-7716호(서기 2023년 1월 7일 발행) 참조.

검사관 서명

(2) Survey report ②

Busan, 5th June, 2023.

No. 2459.

Busan Survey & Measuring Association. Survey Report

This is to certify that we, the undersigned, General Marine Surveyors, did at the request of the A.B.C. Line, Busan Branch, attend on the 15th May, 2023 and subsequent dates at the

Daehan Dock yards, in order to survey and report on the damaged conditions of the propeller blades mentioned below:

Name of ship:	M/V'Busan'
Owner:	A.B.C. Line.
Port of registry:	Busan, Korea.
Gross tonnage:	7510. 33 Tons
Net tonnage:	4390. 41 Tons
D.W. tonnage:	10010. 21 Tons
When built:	2001.

According to the protest against sea casualty made by the master of M/V'Busan'Captain Y. Kim, this ship left Incheon for Busan at 1500 on the 13th May, 2023, after Completion of whole discharging operation, end proceeded on her voyage with no cargo on board. On the way to Busan, at about 0700 on the 14th, after passing Narodo ⌂ , She received heavy shock on her stern and was reported from the chief engineer that something wrong on her propeller, but she continued her voyage with slow down engine and arrived at Busan at 1700 (No.7 Buoy) on the same day. Attending at the Daehan Dock Yards, we carefully inspected the ship then laying on the dry dock and found following damages.

Two propeller blades were seriously bent on the edge.(about 2″×6″)

And recommended to cut off the bent edge and sharpen. From what we have surveyed, we are of the opinion that the cause of damage sustained to the said ship is due to the propeller hit the submerged objects, something like floating logs, on the way to Busan, and we concluded this accident is that of unavoidable.

부산 검정협회

해사 검정 인정서

아래 서명한 폐사 검정원은 A.B.C. 선박회사 부산 지점의 요구에 의하여 서기 2023년 5월 15일 및 그 익일 대한 조선소로 출장하여 검정을 하고 아래에 기재한 프로펠러 블레이드의 손상상태를 보고함.

선 명	기선 부산호
선 주	A.B.C. 선박회
선 적 항	부산시
총 톤 수	7510.33톤
순 톤 수	4390.41톤
중량톤수	10010.21톤
건 조 년	서기 2001년

부산호 선장 김씨가 제출한 해난보고서에 의하면 본선은 모든 양하를 완료한 후 2023년 5월 13일 15시에 부산을 향하여 인천을 출항하고 공선으로 항진했음. 부산으로 항해 중 나로도 등대를 통과하여 14일 7시경 선미에서 심한 충격을 감지했음. 그리고 기관장으로부터 프로펠러에 어떤 사고가 있다는 보고를 받았으나 기관을 감속하여 항해를 계속하고 동일 17시에 부산항 제7호 부표에 도착하였음. 대한 조선소로 출장하여 드라이 도크에 입거된 본선에 대하여 주의 깊게 검사하고 다음과 같은 손상을 발견하였음.

2매의 프로펠러 블레이드는 약 2"X6"가 선단에서 심하게 곡손되었음.

그리고 그 굽은 선단을 절취하고 연마하도록 권고하였음. 검사결과 본선에 가해진 손상은 부산으로 항해 중 프로펠러가 어느 수중 장애물 즉 부유하는 목재와 같은 것을 타격한데 원인이 있다고 봄. 그리고 이는 불가항력인 사고임을 확인함.

(3) Survey report ③

Certificate No. KO-6O86	Port of Kobe, Japan.

Date, 7th Jan., 2023.

This is to certify that the undersigned surveyor to this company did at the request of the Owner's Agents, attend the steel steamer'Cape Mond'of British on the 6th day of January, 2023 while vessel lay afloat at Buoy 12 in port of Kobe, Japan, in order to witness the application of load to cargo boom as tested herein:

Cargo boom	Weight
No.1 Portside.	12,500 lbs.

The boom was tested at an angle of 30 degrees from the horizontal, weight were suspended on falls without swinging the boom. The Boom was examined subsequent to testing and no visible sign of injuary was found.

The above weight was lifted to height of deck by winch and lowered winch operated satisfactorily.

Signature
Surveyor

증명번호 KO-0086	일 본 신 호 항

2023년 1월 7일

선주 대리점의 요구에 따라 폐사의 하기 서명한 검정원은 싱글 스크루 기선 케이프 몬드호(영국적)에 2023년 1월 6일 신호항 제12호 부표에 계박 중인 본선으로 출장하여 부하시험을 실시하였음.

좌현 제1호	중 량
카고 붐	12,500파운드

붐은 수평선으로부터 30도의 각도로 시험되었으며 중량은 붐을 흔들지 않고 매달았음. 붐은 계속하여 시험되었으나 상처의 흔적이 발견되지 않았음.

상기 중량은 갑판의 높이까지 윈치로 인양하고 또한 인하 되었으며 그 작동은 만족스러웠음.

(4) 검사 수수료(檢査手數料) 지불 요구

Busan, 9th Jan., 2023.

Messrs. Bando & Co.,
Stevedore section,
Busan.

s/s'Good Hope'

Enclosed please find bills and survey reports in connection with damage caused during discharging operations to the above vessel's No.1 port cargo boom.

Please let us have your cheque as soon as possible so that this account may be squared off. Thanking you in anticipation of your kind attention to this matter,

We are, Dear sirs,
Yours faithfully,

Signature

Manager of Owner's Agents
S/S'Good Hope'

<u>기선'굿 호프호'</u>

하작업 중 상기 기선 1호 좌현 카고 붐 가해진 손상에 대한 청구서와 검사 보고서들 동봉하였습다.

이 계정을 청산하기 위하여 가능한 한 신속히 수표를 보내시기 바랍니다.

본건에 관하여 귀하의 친절하신 배려에 감사드립니다.

(5) 검사 수수료 요구서

Busan, 9th June, 2023.

Invoice No. 2532.
S/S'Good Hope'.

<u>To Survey Co.,</u>

S/S'Good Hope'.
For Survey per report No. 608························$ 280.00
8th June, 2023.

Sunday Fee···············$ 600.00
Expenses··················$ 20.00

Total $ 900.00

I certify that this survey was carried out as per request from the King Steam-ship Co., Busan, Korea, that the above bill is correct and just and that payment, therefore, has not been received.

Survey Co.,
Signature
J.K. Smith.
Surveyor

인보이스(송장) 번호 2532호
굿 호프호

부산에서
2023년 6월 9일

검정회사 귀중

굿 호프호

검정 보고서 제6085호에 ································ $ 280.00

2023년 6월 8일

일요일 비용············ $ 600.00

비 용············ $ 20.00

계 $ 900.00

한국 부산시의 킹 기선회사의 요구에 따라 이 검정은 실시되었으며 상기 청구서는 정확하고 지불은 아직 되지 않았음을 증명함.

검정회사

서 명

검정원, J.K. 스미드

제 4절 지점 또는 대리점으로부터의 지시

(1) 출항명령 ①

Date__________

To Captain Mongryong Lee,
Commander of M/V'Busan'
at Singapore.

Sailing Instructions.

We herewith inform you that we are making the necessary arrangements for the sailing of your command, as requested by you, on Monday next at 0600, and are doing arrangements for pilot, tug boats and boatmen. Kindly arrange for steam.

Wishing you a good voyage.

Yours truly,

Signature

Agents, A.B.C. Line.

<u>출항명령</u>

귀하의 요청에 의하여 귀선의 출항을 내주 월요일 06시로 필요한 수배를 마련하고 있으며 도선사·예인선·보트맨도 수배하고 있습니다. 증기를 준비하시기 바랍니다.

안전한 항해를 기원합니다.

(2) 출항명령 ②

Date__________

The Commander
M/V'Busan',
Bombay.

We beg to intimate that your command will be despatched for Karach to discharge and load part cargo at that port on the 18th April, 2023, and you are further requested to return to Bombay to complete loading cargo at this port.

Yours truly,

Signature

Manager, Bombay,

귀선은 2023년 4월 18일 카라치에서 양하하고 하물 일부를 적하하기 위하여 급송되며 당항에서 적하를 완료하기 위하여 봄베이로 귀항토록 요구되었음을 통지함.

(3) 출항명령 ③

Date__________

To the Commander,
M/V'Busan',
Bombay.

We beg to intimate that your command will be despatched for Masan via Alleppey, Singapore, Honkong, Kobe on the 30th April, 2023.

Yours truly,
Signature
Manager, Bombay

귀선은 2023년 4월 30일 알레피·싱가포르·홍콩·고베를 경유하고 마산을 향하여 출항할 것을 통지함.

(4) 출항명령 ④

Karach, 22nd April, 2023.

The Commander,
M/V'Busan',
Karach.

We have arranged your departure hence to Bombay on Wednesday, the 23rd inst., at 1400 or as soon thereafter as you are ready to sail.

Kindly advise us in your departure report the following:

1. Date and time you expected to arrive at Bombay.
2. Your arrival draft fore and aft at Bombay.
3. Number of bales cotton lifted hence for each port separately.

4. Particulars of sundry cargo for each port separately.
5. Space available for cargo from Bombay in tons of 40cft.

Yours truly,

Signature
Manager, Agents

폐사는 금월 23일 수요일 14시 혹은 그 이후 귀선이 출항준비가 되자마자 곧 귀선이 출항되도록 수배하였습니다.

귀선의 출항보고를 다음과 같이 기입하여 통보하시기 바랍니다.

1. 귀선의 봄베이 도착예정 일시
2. 봄베이 도착시의 선수 및 선미흘수
3. 당항에서 적재한 면화의 각항 양지별 베일 수
4. 각항 양륙 잡화의 상세
5. 봄베이로부터의 적하여석 , 40ft^3/ton.

(5) 출항명령 ⑤

Date__________

The Commander.
M/V'Busan',
Bombay.

Please furnish me with particulars as indicated in the form attached, which are requested for the sailing advise of your command to be dispatched for the ports concerned, and I shall thank you to return to me the original of the form duly filled in retaining the duplicate for your file.

Yours truly,

Signature
Manager, Bombay Branch

동봉한 양식에 지시된 상세기록은 귀선이 출항하는 관계 각항에 필요한 요건이므로 정확히 기입하시고 원본은 당방으로 반송하시며 사본은 귀선에 철하여 두시기 바랍니다.

(6) 묘박지(錨泊地) 지정 통지문

Date__________

To the Master,
M/V'Busan',
In port.

Please note that we have been informed by Sidney Branch Office, that it has been arranged for your ship to occupy Berth No.14 at Sidney.

Yours truly,

Signature
Cargo Superintendent

귀선의 시드니항에서의 묘박지는 제14번으로 수배되었음을 시드니 지점으로부터 통보하여 왔으므로 알려드립니다.

(7) 예인선(曳引船)수배 통지

Date__________

To the Master
M/V'Busan',
In port.

Please note that we have arranged for tugs to be alongside

your vessel at 1500, Friday, on the 3rd of June, to assist in undocking.

Yours truly,

Signature

Cargo Superintendent

출거하기 위하여 6월 3일 금요일 15시에 예인선이 도착되도록 수배하였음을 알려드립니다.

(8) 선원명부(船員名簿) 송달 통지

Hamburg, 31st Jan., 2023,

T.C. No. 11
The Manager,
A.B.C. Line,
London.

A List of Officers and Crew.

We are in receipt of your letter, AFB/KRG of the 29th inst., and heartily thank you for your kindness to agree with our wishes and take the steps for it at once.

We herewith send you a List of Officers and Crew of my command, in which the monthly salary and allowance of each member are shown, and we think it will meet all your requirements.

Yours truly,

Signature

Commander, M/V'Busan'

P.S. We have recived the copies of various correspondings, concerning the fire of my command, which were enclosed in your letter, AFB/KRG, of the 29th Jan., thanking you and oblige.

사관 및 승무원 명부에 관한 건

귀한 AFB/KRG. 금월 29일자를 수령했습니다. 우리의 요구에 동의하시고 즉시 그 방책을 채택하여 주신 호의에 대하여 진심으로 감사드립니다.

본선 사관 및 승무원의 명부와 각자의 월급 및 수당을 기입하여 귀사로 송달합니다. 이는 귀사의 모든 요구에 충족될 것으로 생각합니다.

(9) 탁송하물(託送荷物)의 양륙을 지점으로 통지

M/V'Busan'

Hamburg, 20th Jan., 2023.

T.D. No. 25,
The Manager,
A.B.C. Line,
(Store Dep't)
Busan.

Re: 16 Large and 4 Small empty cans of Von Hoevelling Paint Co.,

We report you that we have handed the above to Von Hoevelling Paint Co., at Hamburg, receiving the receipt.

Yours faithfully

Signature

Commander, M/V'Busan'

Copy to: London.

<u>폰 회벨링 페인트 회사의 공관 대 16개, 소 4개의 건</u>

함부르크에서 영수증을 수령한 다음 폰 회벨링 페인트 회사로 인도하였음을 보고합니다.

사본 : 런던 지점

(10) 차항 대리점으로부터의 전보 내용을 통지

Lagos, 3rd May, 2023.

The Captain,
M/V'Busan',
In port.

Yesterday we received a cable from Messrs. Smith & Co., Tenerife, reading as follows:

'Dispatch'Busan'to Tenerife. Requirements 300 tons clean space for tea to London.' We kindly ask you to take good note of the contents of this cable.

Yours truly,

Signature
Manager, A.B.C. Line.

어제 테네리페의 스미드 상회로부터 다음과 같은 전보를 받았습니다.

'테네리페로 부산호를 급송하라. 런던으로 보내는 차를 위하여 클리인 스페이스 300톤이 요구된다.'

폐사는 이 전문의 내용을 귀하가 잘 유의하여 주시기를 바랍니다.

제 5절 추천장·위임장·영수증 타 통지문

(1) 추천장 ①

Letter of recommendation.

We would to recommend Bando & Co., as a stevedore in discharging of S/S'Key Stone', arriving on or about 29th March, leaden with 9345 tons of Barley.

As you are well aware, we are suffering from lack of barges in this port owing to the increasing stockpiles of the cargoes which are mainly due to shortage of transportation capacity. On these occasions, Bando & Co., only, have special ability to get arrange the necessary barges from Masan and other branches by their networks.

Moreover, they will be able to work through operation, lighter transporting, longshoring, and freight cars. It is very convenient for us to handle this barley if you appoint them to do the stevedoring works that they may be able to operate the whole works more smoothly and satisfactorily.

Anticipating your kind favour in this matter and thanking you in advance.

Yours truly,

Signature

Manager, Namyang & Co. Consignees.

추 천 장

폐사는 대맥(大麥) 9345톤을 적재하여 3월 29일경 입항 예정인 기선 키스톤호의 양하 하역업자로서 반도회사를 추천합니다.

아시다시피 체화화물(滯貨貨物)의 증가로 인하여 당항에서는 부선의 부족으로 고통을 당하고 있습니다. 이는 주로 수송력의 결핍이 원인으로 되어 있습니다. 하지만 반도회사만은 마산과 기타 지점으로부터 그들의 견락망에 의하여 필요한 부선을 수배하는 특별한 능력을 갖고 있습니다.

더군다나 그들은 부선운반·연안작업 및 화차작업의 일관작업을 할 수 있습니다. 만약 이 회사를 하역작업에 지명하면 이 대맥을 취급하는 폐사로서는 매우 편리하며 가일층 원활하고 만족스러운 작업을 할 수 있을 것입니다. 본건에 관한 귀사의 호의에 미리 감사드립니다.

(2) 추천장 ②

Busan, 24th May, 2023.

To whom it may concern:

I employed these men of Mr. Gildong Hong's in scraping and chipping for seven days during our stay here, in the port of Busan at Buoy No.3 and I found them to do very good work and also very honest and efficient.

Therefore, I highly recommended them to all who are concerned in hiring men for the work mentioned above.

Signature
Commander, M/S'Neptune'

관계제위(關係諸位)

본 부산항 제3 부표에서 정박 중 7일간 스크레이핑과 치핑에 홍길동씨의 인부를 고용하였습니다. 그리고 그들은 훌륭히 작업하고 또한 정직하며 능률적이었습니다.

그러므로 상기 작업에 인부를 고용하시려는 관계자에게 진심으로 추천하는 바입니다.

(3) 추천장 ③

Busan, 15th Aug., 2023.

1. To whom it may concern.

This is to certify that Samyangsa & Co., Ltd. Busan are attending to the works of my company to our satisfaction.

Yongsan & Co., Ltd.
Busan Branch Office
Manager.

2. To Messrs Kwangbok & Co., Busan.

We inform you. that our Company, Samyangsa & Co., Busan Branch, attend to the work of Yongsan & Co., Ltd., Busan Branch Office, to their satisfaction.

Yours truly,

Samyangsa & Co., Ltd.
Busan Branch Office
Manager,

We confirm the above statement to bo correct.

Manager, Yongsan & Ca, Ltd.
Busan Branch Office.

부산에서

2023년 8월 15일

1. 관계 제위

부산의 삼양사 주식회사는 폐사의 작업에 종사하오며 폐사가 만족하고 있음을 증명합니다.

용산 주식회사
부산 지점장

2. 광복 주식회사 귀중
(부산)

폐사 삼양사 주식회사 부산지점은 용산 주식회사 부산 지점의 작업에 종사하여 만족을 얻고 있음을 알려드립니다.

삼양사 주식회사
부산 지점장

상기 진술이 정확함을 확인합니다.

용산 주식회사
부산 지점장

(4) 위임장 ①

Samyangsa & Co., Ltd., Busan.

Letter of Attorney

To whomever it may concern:

We here by authorize to Mr. Gildong Hong of Kwangbok & Co., Busan Branch for the disposal of the following case:

'The settlement of the claims including the receipt of the money in payment thereby for the salvaging charges etc. incurred in connection with 〈E.A.〉 120 cases wet salted Cow Hides and 14 bales Dry Buffalo Hides arrived ex. M/S 'Siren' from Hongkong to Busan on the 3rd May, 2023.'

Samyangsa & Do., Ltd.
Manager.

Specimen of the signature
of Mr. Gildong Hong.
Gildong Hong

삼양사 주식회사(부산)

위 임 장

관계 제위

하기 건의 조처에 관하여 광복 주식회사 부산지점의 홍길동씨에게 위임함.

'서기 2023년 5월 3일 홍콩으로부터 부산으로 입항한 기선 사이렌호에서 양하한 〈E.A.〉 염장 생우피(鹽藏生牛皮) 120상자, 건 수우피(乾水牛皮) 14베일에 생긴 구조비 등의 청구 및 지불영수를 포함하는 해결에 관한 건.'

삼양사 주식회사
지점장

Gildong Hong
홍길동씨의 서명 견본

(5) 위임장 ②

Nambuk & Co., Ltd.

Busan, 8th May, 2023.

To Samyangsa & Co.,
Busan Branch.

Power of Attorney

We, the undersigned, there authorize your firm to act in

our name and stead, to negotiate with the relatives underwriters and steamship company for the settlement of the undermentioned claims and the receive the payment of the claims thus settled.

Our claims for our share of salvage money in connection with the following shipments.

Marks:	1-24	1-36
	S	S
	(in red)	(in green)
	Busan	Busan
	Product of U.S.A	Product of U.S.A.
Descriptions:	W/S Cow Hides	W/S Baffalo Hides
Quantity.	30 cases(632pcs.)	45 cases(506PCS.)
Steamer:	M/S'Siren'	M/S'Siren'
Value on Invoice:	$ 8,040	$ 9,375
Policy No.:	1481/51	1480/51

Yours faithfully,

Signature

Nambuk & Co.

위 임 장

하기 청구의 해결에 관하여 관계 보험회사 및 선박회사의 교섭과 해결 후의 지불금 영수에 관하여 귀사가 폐사를 대신하여 행동하도록 위임합니다.

다음 화물에 관련된 폐사의 구조분담(救助分擔)은 아래와 같습니다.

하인 :	1-24 S (in red) Product of U.S.A.	1-36 S (in green) Product of U.S.A.
명세 :	염장 생우피	염장 수우피
수량 :	32상자(632매)	45상자(506매)
선명 :	기선 사이렌호	기선 사이렌호
가격 :	$ 8,040	$ 9,375
보험증권 번호 :	1480/51	1481/51

(6) 영수증 서식 ①

Received from Mr. Yongho Kim the sum of \5,500(Five thousand five hundred won or Fifty five hundred won) for balance of account to date.

Master of M/V'Busan'
London, 25th Jan., 2023.

오늘까지의 잔고(殘高)로서 一金 五千五百원 정 영수하였음.

런던에서, 2023년 1월 25일
부산호 선장____________

(7) 영수증 서식 ②

M/V'Busan'

Durban, 25th Jan., 2023.

Duly received on board above steamer the undermentioned articles from Messrs, Smith & Co., ship's chandler, Durban.

Straw mattings	100 PCS.
Dunnage wood	200 PCS.

Signature
Master.

더반의 선구상 스미드 상회로부터 하기 물품을 정히 영수하였음.

짚 방석	100 매
짐밑깔개 나무	200 개

(8) 영수증 서식 ③

M/V'Busan'
25th Jan., 2023,

Received with thanks from Messrs, Smith & Co., Agents of A.B.C. Line at London, \3,000 (Three thousand won) as the allowance for closing & opening hatches.

Signature
Representative of the Sailors

해치 개폐수당(開閉手當)으로서 일금, 삼천원 정을 A.B.C. 선박회사 런던 대리점 스미드 상사로부터 감사히 영수하였습니다.

갑판원 대표____________

(9) 영수증 서식 ④

M/V'Busan'

Valparaiso, 8th Aug., 2023.

Received on board the above mentioned steamer from X company, one hundred tons of fresh water as boiler water and two hundred tons of drinking water.

____
Chief Officer.

상기 부산호는 X상회로부터 보일러수로서 청수 100톤 및 음료수로서 200톤을 영수하였습니다.

____
일등 항해사

(10) 사용증명서(使用證明書)

M/S'Busan'

Mombasa 8th Aug., 2023.

Messrs. Smith & Co.,
Agents, A.B.C. Line,
Mombasa.

This is to certify that the undermentioned workers supplied by the Wilson & Co., were employed for chipping ship's outside of my command for four days in this port.

15men
10boys
25

Signature
for Master Chief Officer
M/V'Busan'

월슨 상사로부터 다음 인원을 당항에서 4일간 본선 외현의 치핑에 사용하였음을 증명합니다.

성인 남자 인부 15 명
소년 인부 10 명
25 명

2023년 1월 25일
몸바사에서 '부산호' 선장대리
1등 항해사________

(11) 금전차용증(金錢借用證)

M/V'Busan'
Los Angeles, 6th June, 2023.

To Messrs, Smith & Co.,
I.O.U. One thousand U.S. Dollars.

Signature
Master.

기선 '부산호'
로스앤젤레스, 2023년 6월 6일

스미드 상회 귀중
일금, 일천 미불, 정히 차용하였음.

선 장________

[주] I.O.U.=I owe you.(차용하였음의 약자)

(12) 서명(署名, 사인) 통지문 ①

Busan, 11 June, 2023.

Messrs, Bando & Co.,

Re: Specimens of the Authorized Signatures.

We have the pleasure of advising you that the undermentioned staffs in our Busan Branch Office have been authorized to sign the Bill of Lading and other shipping documents on behalf of our company on and after 21st June, 2023.

Inviting your kind attention to the Specimens of their signature mentioned below.

Yours faithfully,

Signature

Manager, Samyang & Co.,

Mr. R. Kim will sign R. Kim

Mr. H. Lee will sign H.Lee

Mr. Y. Park will sign Y.Park

권한을 부여받은 서명의 견본

폐사 부산지점의 하기 직원에게 선하증권과 기타 선박의 서류에 폐사를 위하여 2023년 6월 21일 이후 서명하도록 위임하였음을 통지합니다.

다음에 예시된 그들의 서명 견본에 유의하시기 바랍니다.

Mr. R. Kim 의 서명은 R. Kim

Mr. H. Lee 의 서명은 H.Lee

Mr. Y. Park 의 서명은 Y.Park

(13) 서명(署名, 사인) 통지문 ②

Date________________

Messrs.______________

With regard to the checks, notes, bills and other documents bearing any of the signatures given below, I agree to hold myself wholly responsible to your Bank.

Signature

Manager

Name of Company: Munwha & Co.,
Address: Nampo-dong, Chung-ku, Busan.
TEL.: No.(245)3843
Business: A.B.C. Line.

Nationality: Republic of Korea.

1. Name: Mr. S. Chang will sign S. Chang
2. Name: Mr. H. Seo will sign H. Seo
3. Name: Mr. B. Nam will sign B. Nam

   Initial signatures for correction or amendment as follows.

1. Mr. S. Chang …………S.c.
2. Mr. H. Seo ……………H.s.
3. Mr. B. Nam ……………B.n.

아래에 게기한 자 중에서 서명한 수표·어음·환어음 기타 증권에 관하여 귀 은행에 대해서 모든 책임을 본인이 질 것에 동의합니다.

지점장______________

회사명 : 문화상사
주 소 : 부산시 중구 남포동
전 화 : (245)3843
업 무 : A.B.C. 선박회사
국 적 : 대한민국

1. 성 명 : S. Chang의 서명은 S. Chang
2. 성 명 : H. Seo의 서명은 H. Seo
3. 성 명 : B. Nam의 서명은 B. Nam

   정정하기 위한 약서명은 다음과 같습니다.

1. Mr. S. Chang …………S.c.
2. Mr. H. Seo ……………H.s.
3. Mr. B. Nam……………B.n.

(14) 회장(回章)

Busan, 26th Nov., 2023.

Circular:

This is to advise that as of 22nd Nov. 2023, Mr. Brown is Acting Manager for the Trading steam Ship Co., Busan, in place of G.M. Smith, who is returning to the states on home leave.

Until further notice Mr. Brown will sign Bills of Lading, delivery orders, and all documents pertaining to the company's business. Mr. Brown's signature appears below.

G.M. Smith

Manager

Signed

J.A. Brown

Acting Manager

부산에서

2023년 11월 26일

회장(回章)

휴가차 귀성하는 G.M. 스미드를 대신하여 트레이딩 스팀 쉽 회사의 지점장 대리로서 브라운씨가 2023년 11월 22일 현재 집무하게 되었음을 통보합니다.

다음 통보까지 브라운씨는 선하증권(B/L), 인도지도서(D/O) 및 기타 폐사의 서류에 서명하게 되었습니다. 그 서명은 다음과 같습니다.

서 명

J.A. Brown

지점장 대리

(15) 하역준비 완료 통지서 ①

Notice of Readiness.

To: Charterer or Charterer's Agents.

M.S. 'Busan'
S.S. ....
Date. 3rd May, 2023.

This is to advise you that the above vessel arrived at Busan at 1320 hours on 3rd May and she is in all respects ready to commence discharging her cargo in accordance with the terms and conditions of the charter party.

Notice tendered at 1330 hours on 3rd May.

Signature
Master, M.S. 'Busan'
S.S. ....

Notice accepted at 1330 hours on 3rd May.

Signature
For Charterer

하역준비 완료 통지서

용선자 또는 용선 대리인 귀하

기선 부산호
2023년 5월 3일

상기 선박은 5월 3일 13시 20분에 부산항으로 입항하여 용선계약의 조건에 따라 모든 점에서 양하개시의 준비가 되었음을 통지합니다.

통지서 제시 일시 5월 3일 13시 30분

서 명
부산호 선장

통지서 수령 일시 5월 3일 13시 30분

서 명
삼양상사

용선자 대리

(16) 하역준비 완료 통지서 ②

Notice of Readiness

Busan, 3rd May, 2023.

To: Messrs. Samyang & Co.,

Busan

Charterers/Charterer's Agents

M.S./S.S. Busan

This will serve to advise you that the above mentioned vessel is, in free pratique, and in all respects to discharge/load her cargo. As of 1320 hours on 3rd May

Signature
Master M.S. Busan

S.S.

Receipt Acknowledged:
1330 Hrs. on 3rd May

Signature
For charterer

하역준비 완료 통지서

상기 선박은 검역허가증(檢疫許可證)을 교부받았으며 모든 점에서 양하준비가 되었음을 통지합니다.

5월 3일 13시 20분

서 명
기선 부산호 선장

수령 증:
5월 3일 13시 30분

서 명
용선자 대리

(17) 정박일 협정서(旋泊日協定書)

A.B.C. Line.
Layday Statement.

S.S. Port Busan
M.V. 'Busan'

Charter party dated 10th Jan. 2023. at Incheon
Between Sanyang & Co; Charterers and
A.B.C. Line, owners
Cargo Wheat in bulk Quantity 9000 tons
Rate of discharge as per charter party 1000 tons per day.

Arrived:	Date. 3rd May Hrs. 1300
Berthed:	Date. 3rd May Hrs. 1320
Notice of Readiness Given :	Date. 3rd May Hrs. 1330
Notice of Readiness Accepted:	Date. 3rd May Hrs. 1330
Lay time commenced:	Date. 4th May Hrs. 0600
Discharge commenced:	Date. 4th May Hrs. 0800
Lay time expires:	Date 12th May Hrs. 1300

Date	Day of Week	Remarks	Lay time allowed D.H.M.	Lay time used D.H.M.	Lay time saved D.II.M.
May 4	Wed.	Lay time commenced 0600	0.19.10.	0.19.10.	
5	Thu.	Full time	1.0.0.	1.0.0.	
6	Fri.	0730-0830 No.3 W.T. 1100-1200 No work by rain	1.0.0.	1.0.0.	
7	Sat.	Full time;	1.0.0.	1.0.0.	
8	Sun.	No time counted	0.0.0.	0.0.0.	0.0.0.
9	Mon.	Discharge completed 2100	1.0.0.	0.21.0.	0.1.0.
10	Tue.	Time saved	1.0.0.	0.0.0.	1.0.0.
11	Wed.	Time saved	0.5.0.	0.0.0.	0.5.0.
12	Thu.	Time saved	0.13.0.	0.0.0.	0.13.0.
			6.13.10.	4.16.10.	1.19.0.

For Charterers:
Samyang & Co.,
Signature
Manager.

For Owners:
A.B.C. Line
Signature
Master, M/V'Busan'

A.B.C. 선박회사

정박일 협정서

선 명 : 기선 부산호　　　　정박항 : 부산
용선 계약일자 : 2023년 1월 10일　　　당 인천 항
용선자 : 삼양상사
선 주 : A.B.C. 선박회사

화 물 :	수 량 : 9,000톤
용선계약에 의한 양하율,	1일당 1,000톤
입항일시	5월 3일 13시 00분
착안일시	5월 3일 13시 20분
착선 통지서 교부일시	5월 3일 13시 30분
착선 통지서 수령일시	5월 3일 13시 30분
정박개시 일시	5월 4일 06시 00분
양하개시 일시	5월 4일 08시 00분
정박종료 일시	5월 12일 13시 00분

일자	요일	비 고	정박허용 시 간 일 시 분	정박허용 시 간 일 시 분	조출시간 일 시 분
5/4	수	정박개시 시간 0600	0.19.10.	0.19.10.	
5	목	전 시간	1.0.0.	1.0.0.	
6	금	0730-0830 3호윈치 고장			
		1100-1200 강우로 인하여 작업 중지	1.0.0.	1.0.0.	
7	토	전 시간(全時間)	1.0.0.	1.0.0.	
8	일	시간계산 제외	0.0.0.	0.0.0.	0.0.0.
9	월	2100 양하 작업 완료	1.0.0.	0.21.0.	0.1.0.
10	화	조 출(早出)	1.0.0.	0.0.0.	1.0.0.
11	수	조 출	0.5.0.	0.0.0.	0.5.0.
12	목	조 출	0.13.0.	0.0.0.	0.13.0.
			6.13.10.	4.16.10.	1.19.0.

용 선 자	선 주
삼양상사	A.B.C.선박회사
서 명	서 명
지점장	지점장

(18) 사고 통지서 ①

Seoul, Sept., 15, 20……

Korea Shipping Corporation Ltd.
Busan

Dear Sirs,

Notice of Damage
s. s.'Aurora'

Please be advised that wet damage is found in connection with the shipment of the below : mentioned cargoes,

B/L No.	Marks	No. of Package	Decription
94	Celloid TAG EM 6 Red	3,000 Pcs.	Salted Cow Hides

shipped by Victoria Inc., from Sydney on board the s.s. 'Aurora'consigned to us under Bill of Lading No. 94, and arrived at Busan on Sept. 11, 20……
We hereby declare that we reserve the right to file a claim with you for this damage when the details and amount of the damage are ascertained. Please acknowledge this notice in writing.

Very truly yours,
New Korea Trading Co., Ltd.
(signed)
Manager

(19) 사고 통지서 ②

Seoul, Sept., 6, 20……

Korea Shipping Corporation Ltd.
BUSAN

Dear Sirs,

Re: Preliminary notice of shortage of Wattle-Ex
per S/S'PACIFIC'

We refer you to the following cargoes of wattle extract 'Turkey' brand, which arrived at Busan on Feb, 2, 20…… per S/S 'PACIFIC'

B/L No. 3A……………………6,325 bags
B/L No. 3B……………………1,100 bags
Total: 7,425 bags

As you will see from the enclosed CARGO BOAT NOTE, remarks were made as follows.

bags short in dispute

The cargo have not yet been stored into warehouse and no rechecking was made.
As soon as we are advised of exact quantities, and when there would be any shortage, we will make you a claim difinitely, which please take note.

Yours very truly,
NEW KOREA TRADING, Co., Ltd.

(20) 사고 통지서 ③

Seoul, March 18, 20……

Messrs. Korea Shipping Corporation Ltd.

Dear sirs,

Re : Claim for shortage of W/S Kip Skin
Per S.S.'Centauros'.

Claim is hereby filed with you for shortage of W/S Kip Skin shipped by Johnson Trading Corp. from London on board the S.S.'Centauros,' consigned to us under Bill of Landing No.123 , and arrived at Busan on Feb. 28, 20……

The details and the amount of the claim are as follows:

Marks & No.	B/L No.	Description	Invoice value	Quantity
PARCHMENT TAG AX	NO. 123	W/S Kip Skin	8568.08	5B'dies

Shortage…………………1 B'dle
8568.08X5= $12.62
Total Claim Amount:$12.62

You are requested to investigate the matter immediately, and your earliest compensation will be highly appreciated.

Yours truly,

Attachment:
B/L copy
Invoice copy
Boat Note

NEW KOREA TRADING CO., LTD.
(signed)
Manager

(21) 본 클레임장(예)

Seoul, March 18 , 20……

Messrs. Korea Shipping Corporation Ltd.

Dear sirs,

Re : Claim for shortage of W/S Kip Skin
Per S. S.'Centauros.'

Claim is hereby filed with you for shortage of W/S Kip Skin shipped by Johnson Trading Corp. from London on board the S.S.'Centauros,' consigned to us under Bill of Landing No.123, and arrived at Busan on Feb. 28, 20……

The details and the amount of the claim are as follows:

Marks & No.	B/L No.	Description	Invoice value	Quantity
PARCHMENT TAG AX	No.123	W/S Kip Skin	$568.05	5B'dles

Claim Amount:

Shortage…………………1 B'dle

$568.08X1/5= $12.62

Total Claim Amount:$12.62

You are requested to investigate the matter immediately, and your earliest compensation will be highly appreciated.

Yours truly,

NEW KOREA TRADING CO., LTD.

(signed)

Manager

Attachment:
B/L copy
Invoice copy
Boat Note

DEBIT NOTE

To Korea Shipping Corporation Ltd.
SEOUL

March 18, 20……

CLAIM : Shortage of W/S Kip Skin
'Per s.s. Centauros'

Marks & No.	B/L No.	Description W/S	Invoice value	Quantity
PARCHMENT TAG AX	No.123	Kip Skin	$568.08	5B'dles

Claim Amount:
Shortages…………………1 B'dle
$568.08X1/5=$12.62

Total Claim Amount:$12.62

NEW KOREA TRADING CO., LTD.

(Signed)
Manager

(22) 클레임금의 송금통지서 ①

PAN AMERICAN LINES COMPANY

No.1 Shibaura, Minato-k
Tokyo, Japan

May 12, 20……
CL PFE 1176Y

NEW KOREA TRADING CO., LTD.
Seoul

S.S. AMAZON VOY. 16-W
SF/Busa B/L No.19 & LB Busa B/L No.321
Claim a/c Alleged Shortage of 8 p'cs Hides.
Amt. $74. 36

Gentlemen:

Reference is made to your claim letter of May 2 , and our reply of the 4th, captioned as above.

Please be advised that our cargo tracers on eight pieces have been returned Stating that same were not over landed at any of the vessel's ports of call.

We therefore acknowledge our liablity and responsiblity for shortage of (8) pieces Hides in amount of $74.36 (\35,692.80) and are enclosing our check in that amount in full settlement thereof.

Very truly yours,

Pan American Lines Company
Agents: PACIFIC FAR EAST LINE, INC.
(Signed)
L.B.Kennedy
Assistant Manager

BWJ/tt
Ends.
cc:Mr. D. M. White, PFEL. SF
cc:Mr. B. S. Brown, PFEL-OR-T

(23) 클레임금의 송금통지서 ②

WESTERN EUROPE LINES

10-4 Ginza, Chuo-ku, Tokyo

March 22 , 20……

NEW KOREA TRADING CO., LTD.
Seoul

Gentlemen:

S.S. CENTAUROS, V/13
London/Busan B/L No.123
Our Ref.No.BUSAN-372-1

We are pleased to enclose in full settlement of the above claim, our check, No.8-98765, in the amount of \73,674.50.

Kindly return to this office original and four (4) signed vouchers, receipting same in the places indicated.

Yours very truly,
WESTERN EUROPE LINES, LTD.

(Signed)
W. S. Churchil
District Claim Agent

rs.
Att:Ck.No.B-98765 ~ \73,674.50.

WESTERN EUROPE LINES, LTD.

VOUCHER

PAY TO NEW KOREA TRADING CO., LTD. Busan

PORT

23, 4-ga, Chungmu-ro Aug. 8, 20

DATE

Seoul 98765

VO. No. Ck. No.

DESCRIPTION	AMOUNT

Busan CLAIM No.372-1

In full settlement of claim 372-1 for shortage of one (1) bundle Kip skin, ex S.S. CENTAUROS, V/13, London/Busan B/L No.123…………$12.62
Each. \485………18,346.95

AUTHORITY: Mr. W. S. Churchil

It is hereby agreed and understood that in the event any or all of the shipment described, hereon are located delivery will be effected by the consignee and the carrier will be reimbursed in full.

(24) 클레임금 영수증(예)

Seoul, Aug., 22, 20……

Western Europe Lines, Ltd.
10-4, Ginza, Chuo-ku
Tokyo

Dear Sirs.

Your ref.No.BUSAN-372-1

We have pleasure in acknowleding receipt of your Cheque for \73,674.50 in settlement of our claim for shortage of one hundle Kip Skin ex S.S. 'CENTAUROS' V/13, London/Busan B/L No.123.

Please find your vouchers (5) duly signed as requested by your goodselves,

Thanking you for your cooperation, we are.

Yours truly.

NEW KOREA TRADING CO., LTD.
(Signed)
Manager

제 6 절 기타서류

(1) 탱크 청소·검사 증명서

Hull, 13th May, 2023.

To Master,
M/S'Busan',
In port.

This is to certify that I examined Nos. 3 and 7 B/T(Ballast tanks) of the above ship and found the same to be throughly cleaned up to our satisfaction and the discharging of the rape seed oil was completed in very good condition as well.

Signature

상기 부산호의 3호 및 7호 밸러스트 탱크를 검사한바 소직이 만족하리만큼 완전히 청소되었으며, 채종유(菜種油)의 양하도 또한 양호한 상태로 완료되었음을 증명함.

(2) 입항 허가원(入港許可願)

To: Harbour Master,
Busan Maritime Bureau,

M/S'Busan'.

This is to inform you that the above vessel is due to arrive at Busan.

on or about 24th May, 2023.
from Yokohama,

Berth wharf or Buoy

Period of stay 3 days

She will require______Pilot.

Tug (at pilot's discretion).

Mooring gang.

Remarks : Gross Tonnage: ············6748. 34tons.

O.A. Length. ···············132m.

Draft.···························8m (when full load).

Discharging.··················Nil.

Loading.···············500 tons of general cargo.

Stevedore·····················Samyang & Co., Ltd.

Checker·················Hankuk Tally Corporation.

Yours faithfully,

Received & acknowledge

Signature
Busan Maritime Bureau.

Signature
A.B.C. Line.

입항 허가원

기선'부산호'

상기 선박은 부산항으로

서기 2023년 5월 24일경

요코하마로부터

안벽 또는 부표

에 도착할 예정임을 보고합니다.

정박기간______3일간

요구사항______도선사

예인선(도선사의 임의)

계류색 인부

비　　고 :

총 톤 수 ……………………6748. 34톤
길이(전장) ……………………132m
흘　　수 ……………………8m(만재시)
양　　하 ……………………없음
적　　하 ……………………잡하 500톤
하 역 업 자 ……………………삼양상사
검　　수 ……………………한국 검수협회

영수·승인

서　명 부산 항만 관리청	서　명 A.B.C. 선박회사

(3) 휴일 및 시간외 하역인허 신청서(荷役認許申請書)

Penang, 10th Sept. 2023.

To the Commissioner, Customs,
Penang.

Dear sirs,

We have the honor of requesting you that you will grant us special permission to work from 0600 hrs. to 1800 hrs. tomorrow (whole Sunday) for discharging cargo on my command.

Also hereby we beg to declare that she had no prohibited or contraband goods on board such as Opium, Ammunitions, etc.

Yours truly,

Signature
Commander, M/S'Busan'

피낭 세관 귀중

본선 양하를 위하여 명일(일요일 종일) 오전 6시로부터 오후 6시까지 작업하도록 특별히 허가하여 주시기 바랍니다.

또한 본선에는 아편 및 무기 등과 같은 금제품(禁制品)을 소지하지 않았음을 신고합니다.

(4) 입문 허가원(入門許可願)

Date____________

To Customs on duty.

Will you kindly issue passes for the undermentioned waggoner and my office staff to enter pier No.4'32'and load the cargoes which are in a hurry to be shipped on board the M/S'Golden Star'at the said pier.

Name of waggoner: Macha Rhee
Name of office staff: Baksa Kim
Cargoes: Cotton rugs. 8 cases abt. 1 ton.
personal effect. 5 pickages abt. 1 ton.
Period: From 1000 hrs. 29th May, 2023.
To departure of the ship.

The above statement is true and correct.

Signature
Manager, Samyang & Co.,
Busan Branch Office.

날짜________________

당직 세관원 귀하

하기의 마부와 폐사원에게 기선'골든 스타'호로 적하를 급히 서둘러 하기 위하여 제4부두'32'로 출입할 허가서를 발행하여 주시기 바랍니다.

마부 성명 : 이마차
사원 성명 : 김박사
화 물 : 면제품 융단 8상자 약 1톤
휴대품 1개 약 1톤
기 간 : 2023년 5월 29일 오전 10시 로부터
본선 출항시까지

상기 진술은 정확하고 진실입니다.

서 명
삼 양 상 사
부산 지점장

(5) 선용품 주문서(船用品注文書)

M/S 'Busan'
London, 6th Aug., 2023.

Messrs, Wilson & Co.,
Ship's chandler,
London.

I have the pleasure of forwarding you an order of the undermentioned goods and shall be obliged if you send them on board above vessel immediately.

You shall be paid by our Agents Messrs, Smith & Co., Ltd., London, in exahange for our receipt of the goods.

....
....
....

Expecting your prompt sending of above.

Yours truly,

Signature
Master

하기 물품을 귀사에 주문하오니 지급 본선으로 송달하여 주시기 바랍니다.

본선의 물품 영수증과의 교환으로 런던의 본사 대리점 스미드 상사로부터 대금을 지불하겠습니다.

....
....
....

상기 물품의 신속한 배달을 바라오며.

(6) 명함(Visiting card)의 여러 가지

설명을 생략하고 다음에 보기를 몇 가지 쓴다.

1. 상용·공용

Mr. Minsu Kim

Manager of A.B.C. Line,
5,1-ka, Chongro, chongroku, Seoul.

Tel. 234-8899

2. 상용·공용

A.B.C. Line
Busan Office
CART : Minsu Kim
Marine Superintendent

Busan Office 5, 1-ka,	Cable
Nampodong, Chungku	Address
Tel. 22-3844	ABCLCO
Head Office	Telex No.
Tel. 776-7171∼7177	ABCLINE 22-3844

3. 방문용·사교용

Miss Sora Yun 301, Odong-dong, Masan.

4. 소개용

Introducing Mr. S. Park. Minsu Kim

5. 병문안용

To inquire. Cheo'su Park

6. 선물용

With Compliment of Yeonghi Lee

7. 축하용

Merry Christmas
and
Happy New year.

Gildong Hong

8. 애도용

With deep sympathy.

Mongryong Lee

(7) 이력서(履歷書)

PERSONAL HISTORY

Full Name : Wharang Kim
Address: 31 1-ka, Nampo-dong, Chung-ku, Busan,
Date of Birth: 6th February, 1982.
Age: 24 years, 5 months.
Family Relationship: First son of Shinra Kim, Head of Family.
Permanent Domicile: 16, 3-ka, Namhang-dong, Yeongdo-ku, Busan, Korea,

EDUCATION

1. Busan Middle School:
Completed the whole course in 1997.

2. Busan High School:
Entered in March 1997 and finished the 3rd year course in January in 2000.

3. Busan Mercantile Marine College, Department of Nautical Science. Entered in March, 2000 and graduated in March, 2004.

COMPETENCY

Bachelor of Sience, First Grade of Ocean Going Vessel, No.4321.

EXTRA-SCHOLASTIC EXPERIENCE

Sejong Trading Co., Ltd., Busan:
Employed as apprentice claims clerk during the summer & winter holidays of 2003.

OCCUPATION

4. Nambuk Maritime Co., Ltd., Seoul.
Employed as Third Mate to M/S'Victoria' in April 2023, and retired at own request in March 2004.

5. The Busan Trading Co., Ltd., Seoul.
Entered its service in April 2004 and assigned to Material Section, Export Department: appionted Acting Section Chief, Labour Section, General Affairs Department, in August 2008, serving in that capacity up to the date.

REWARDS AND PUNISHMENTS

None

I hereby declare the above is a true statement.

Wharang Kim.

6. February 20______.

이 력 서

본 적 부산시 영도구 남항동 3가 16번지
현주소 부산시 중구 남포동 1가 3번지
호주 김신라의 장남

김 화 랑
1982년 2월 6일(25세)

학 업
1. 부산 중 학 교 서기 1997년 졸업
2. 부산 고등학교 서기 1997년 3월 입학
서기 2000년 1월 졸업
3. 부산 상선대학, 항해과
서기 2000년 3월 입학
서기 2004년 3월 졸업

자 격
이학사
1등 항해사(면허장 번호 4321호)
1등 항해사 아르바이트 경험
세종 무역 주식회사(부산시)
크레임 사무원으로서 2003년 하계 및 동계 휴가 중 근무

직 업
1. 남북 해운 주식회사(서울시)
2004년 4월 빅토리아호 3등 항해사로 근무. 2006년 3월 일신상 사유로 퇴사.
2. 부산 상사 주식회사(서울시)
2006년 4월 입사. 수출부 자재과 근무. 2008년 8월 총무부 노무과장 대리로 임명되어 현재에 이름.

상　　벌
공히 없음
상기와 같이 틀림없음.

김 화 랑

20_____. 2월 6일

[주]

1. 이력서를 curiculum vitae(라틴어)로 즐겨 쓰는데 personal history가 더 좋다.
2. 학력을 다음과 같이 간단히 쓰는 법도 있다.
   Graduate Busan High School, 2000.
   Busan Mercantile Marine College(2000-2004)
3. 전공과목(Subject of special study)와 신원 조회처(Reference)도 쓰는 편이 바람직하다.
4. 상기와 같이 틀림없음을 좀 더 정확히 번역하면
   I hereby certify that the above statement is true and correct in every detail.로 되나, 영문 이력서의 경우에는 생략하는 편이 좋다.
5. 상별 공히 없음의 Rewards and Punishments: None.도 역시 생략한다.
6. 외국상사에서는 그 사람의 신체적 조건, 전공과목, 선택과목, 취미, 오락, 운동, 클럽활동 등과 경력에서는 직위, 직책, 취급 사무내용, 성과, 초임 급료의 희망액수 등에 중점을 두고 써서 채용코자 하는 상대방의 편의위주로 작성하면 좋다.

(8) 승진축하(昇進祝賀)

Date________________

Mr. Gildong Hong.

Dear my friend.,

I am delighted to hear of your appointment as of M.S. Busan. It's a well-deserved recognition of your many year's loyal service and excellent achievements for your company.

Everyone on my command joins me in sending you our heartiest congratulations and best wishes.

Truly yours,

Signature

부산호의 선장으로 임명되었음을 알고 매우 기뻐하는 바입니다. 이는 회사를 위한 귀하의 다년간의 충실한 근무와 우수한 성적이 인정된 바 당연한 일로 봅니다.

본선의 전 선원은 진심으로 축하하며 호의를 보냅니다.

(9) 상병문안(傷病問安)

Date________________

Mr. Mongryong Lee.

Dear sir,

I was very sorry to learn of the accident to your captain. Please pass on to him my sincere best wishes for his speedy recovery.

Yours faithfully,

Signature

선장님께서 사고를 당하셨음을 듣고 매우 유감으로 생각합니다. 하루속히 완쾌하시기를 비는 저의 마음을 전해드립니다.

(10) 조의문(弔意文)

I was shocked this morning to learn that you had lost your father. Though I did not have the honor of knowing him personally, I knew he was respected and admired by all who did.

Please accept my sincere sympathy and that of my entire crew.

아버님께서 작고하셨다는 말씀을 오늘 아침에 듣고 깜짝 놀랐습니다. 뵙지는 못하였지만 고인께서는 모든 이로부터 존경과 흠모를 받으셨음을 알고 있습니다.

저와 모든 승무원이 진심으로 조의를 표합니다.

부 록

1. 「해양의 오염방지를 위한 국제조약 제9조」에 의한 기름기록부의 개정양식과 그 기재요령

1.1 탱커용 기름 기록부의 양식

선 명____

선박의 총화물창 적재용적(입방미터로 표시)________________

(a) 화물유의 적재

적재일 및 장소 적재한 기름의 종류 기름을 적재한 탱크의 식별기호	1. 2. 3.

(b) 항해 중 화물유의 전적

전적일 탱크의 식별기호 5(i)의 탱크는 비어 있는가.	i ii	부터 으로	4. 5. 6.

(c)

양화일 및 장소 기름을 양하한 탱크의 식별기호 탱크는 비어 있는가.	7. 8. 9.

1.1 FORM OF OIL RECORD BOOK FOR TANKERS

Name of ship..

Total cargo carrying capacity of ship in cubic meters

(a) Loading of oil cargo

Date and place of loading Types of oil loaded Identity of tank(s) loaded	

(b) Transfer of oil cargo during voyage

Date of transfer Identity of tank(s) Was(were) tank(s) in 5(i) emptied?	i ii	from to	

(c) Discharge of oil cargo

Date and place of discharge Identity of tank(s) discharged Was(wcre) tank(s) emptied?	

(d) 화물유 탱크로의 밸러스트 적재

밸러스트를 적재한 탱크의 식별기호	10.
밸러스트의 적재 개시일 및 개시 당시의 선박위치	11.

(e) 화물유 탱크의 세정

세정한 탱크의 식별기호	12.
세정일 및 세정에 소요된 시간	13.
세정방법(주)	14.

(주) 호스를 사용한 수동 세정인가, 기계적 세정인가 혹은 화학세제에 의한 세정인가를 명기할 것. 화학세제에 의한 세정인 경우 그 화학세제와 사용량을 기입할 것.

(f) 오손된 밸러스트의 배출

탱크의 식별기호	15.
해중으로의 배출 개시일 및 개시 당시의 선박위치	16.
해중으로의 배출 종료일 및 종료 당시의 선박위치	17.
배출 중의 선박속력	18.
해중으로 배출된 양	19.
슬롭 탱크로 전적한 오수의 양(슬롭 탱크의 식별기호를 표시할 것.)	20.
연안 수용시설에 배출한 경우에는 그 배출일과 항구 명	21.

(g) 슬롭 탱크로부터의 물의 배출

슬롭 탱크의 식별기호	22.
오수를 최후로 넣고 나서부터의 세틀링 시간, 또는 전회 배출로부터의 세틀링 시간	23. 24.
배출 개시의 일시 및 개시 당시의 선박위치	25.
배출 개시 당시의 내용물 총량	26.
배출 개시 당시의 유수 경계면 위치	27.
최종단계 전에 배출한 양과 배출속도	28.
최종단계에서 배출한 양과 배출속도	29.
배출종료의 일시 및 종료 당시의 선박위치	30.
배출 중의 선박속력	31.
배출종료 당시의 유수 경계면 위치	32.

(d) Ballasting of cargo tank

Identity of tank(s) ballasted Date and position of ship at start of ballasting	

(c) Cleaning of cargo tank

Identity of tank(s) cleaned Date and duration of cleaning Method of cleaning	

* Hand hosing, machine washing or chemical cleaning. Where chemically cleaned, the chemical cleaned and the almost used should be stated.

(f) Discharge of dirty ballast

Identity of tank(s) Date and position of ship at start of discharge to sea Date and position of ship at finish of discharge to sea Ship's speed(s) during discharge Quantity discharged to sea Quantity of polluted water transfered to slop tank(s) [identify slop tank(s)] Date and port of discharge into shore reception facilities (if appliable)	

(g) Discharge of water from slop tank

Identity of slop tank(s) Time of settling from last entry of residues, or Time of settling from last discharge Date, time and position of ship at start of discharge Sounding of total contents at start of discharge Sounding of interface at start of discharge Bulk quantity discharged and rate of discharge Final quantity discharged and rate of discharge Date, time and position of ship at end of discharge Ship's speed(s) during discharge Sounding of interface at end of discharge	

(h) 잔류물의 처분

탱크의 식별기호	33.
각 탱크로부터 처분된 양	34.
잔류물의 처분방법	35.
(a) 연안 수용시설의 이용	
(b) 화물과의 혼합	
(c) 다른 탱크로의 전적(탱크의 식별기호를 표시할 것)	
(d) 기타 방법	
잔류물의 처분일 및 항구 명	36.

(i) 기름을 함유하는 오수로 입항기간 중에 기관구역(펌프실을 포함)에 괸 것을 선외로 배출 (주)

항구 명	37.
입항기간	38.
처분한 양	39.
처분일 및 장소	40.
처분방법(분리기의 사용유무를 표시할 것)	41.

(주) 기관구역(펌프실을 포함한다) 빌지로 부터의 기름을 함유 하는 오수의 해상에서 통상적인 배출은 기름 기록부에 기입할 필요가 없다. 다만 기입하지 않는 경우에는 그 배출을 분리기의 사용유무와 함께 적당한 항해일지에 기입할 것. 펌프가 자동적으로 시동하고 또한 오수가 상시 분리기를 통하여 배출 되는 경우에는 당일마다「분리기를 통하는 오수로부터의 자동적 배출」이라고 기입하면 충분하다.

(j) 사고 기타의 이유에 의한 예외적인 기름의 배출

배출일시	42.
배출 당시의 선박의 장소 또는 위치	43.
기름의 근사량 및 종류	44.
배기 또는 유출상황 및 일반적인 기술	45.

당해작업 책임자 서명________________

선장 서명__________________________

(h) Disposal of residues

Identity of tank(s) Quantity disposed from each tank Method of disposal of residue: (a) Reception facilities (b) Mixed with cargo (c) Transferee! to another (other) tank(s) [Identify tank(s)] (d) Other method Date and port of disposal of residue	

(i) Discharge overboard of bilge water containing oil which has accumulated in machinery spaces (including pump room) whilst in port.*

Port Duration of stay Quantity disposed Date and place of disposal Method of disposal(state whether a separator was used)	

*The routine discharge at sea of bilge water containing any oil from machinery spaces including pump room bilges need not be entered in the oil record book, but if not, it must be entered in the appropriate log book, stating whether or not the discharge was made through a separator. Where the pump starts automatically and discharges through a separator at all times it will be sufficient to enter each day'Automatic discharge from bilges through a separator.'

(i) Accidental or other exceptional discharges of oil

Date and time of occurence Place or position of ship at time of occurence Approximate quantity and type of oil Cirumstances of discharge or escape and general remarks	

____________Signature of Officer or Officers in charge of operation concerned

____________Signature of Master

1.2 탱커 이외의 선박용 기름 기록부의 양식

선　　명________________________________

(a) 연료유 탱크로의 밸러스트 적재 또는 연료유 탱크의 세정

밸러스트를 적재한 탱크의 식별기호	1.
탱크는 최후로 기름을 넣은 후 세정했는가, 세정하지 않은 경우에 탱크에 들어있던 기름의 종류	2.
세정의 개시일 및 개시 당시의 선박위치	3.
밸러스트의 적재 개시일 및 개시당시의 선박위치	41.

(b) (a)의 연료유 탱크로부터 오손된 밸러스트 또는 세정수의 배출

탱크의 식별기호	5.
배출 개시일 및 개시당시의 선박위치	6.
배출 종료일 및 종료당시의 선박위치	7.
배출 중의 선박속력	8.
배출방법(분리기의 사용유무를 표시할 것)	9.
배출한	10.

(c) 잔유물의 처분

선내에 남은 잔류물의 양	11.
잔류물의 처분방법 (a) 연안 수용시설의 이용 (b) 다음에 적재할 연료와 혼합 (c) 다른 탱크로의 이적	12.
잔류물의 처분일과 항구명	13.

(d) 기름을 함유하는 빌지수로 입항기간 중에 기관구역에 고인 것을 선외로 배출(주)

항구 명	14.
입항기간	15.

1.2 FORM OF OIL RECORD BOOK FOR SHIP OTHER THAN TANKERS

Name of ship

(a) Ballasting or cleaning of bunker fuel tanks

Identity of tank(s) ballasted Whether cleaned since they last contained oil and, if not, type of oil previously carried Date and position of ship at start of cleaning Date and position of ship at start of ballasting	

(b) Discharge of dirty ballast or cleaning water from reffered to under(a)

Identity of tank(s) Date and position of ship at start of discharge Date and position of ship at finish of discharge Ship's speed(s) during discharge Method of discharge (state whether separator used) Quantity discharged	

(c) Disposal of residues

Quantity of residue retained on board Method of disposal of residue: (a) reception facilities (b) mixed with next bunkering (c) transferred to another(other) tank(s) Date and portof disposal of residue	

(d) Discharge overboard of bilge water containing oil which has accumulated in machinery spaces whilst in port*

Port Duration of stay	

처분한 양	16.
처분일 및 장소	17.
처분방법(분리기의 사용유무를 표시할 것)	18.

(주) 기관구역(펌프실을 포함한다) 빌지로부터의 기름을 함유하는 오수의 해상에서 통상의 배출은 기름 기록부에 기입할 필요가 없다. 다만 기입하지 아니하는 경우에는 그 배출을 분리기의 사용 유무와 함께 적당한 항해일지에 기입할 것. 펌프가 자동적으로 시동하고, 또한 오수가 상시 분리기를 통하여 배출되는 경우에는 당일마다 분리기를 통하는「빌지로부터의 자동적 배출」이라고 기입하면 충분하다.

(e) 사고 기타 이유로 인한 예외적인 기름 배출

배출일시	19.
배출 당시의 선박장소 또는 위치	20.
기름의 개량 및 종류	21.
배기 또는 유출의 상황 및 일반적인 기술	22.

당해작업 책임자 서명________________

선장 서명________________________

1.3 탱커용 기름 기록부의 해설

선박의 총 화물창 적재용적 : 탱커의 화물류 탱크 총용적을 m3로 나타낸 것을 기입한다. 제3조의 규정에 따라 공선 항해 중 탱커가 배출할 수 있는 유분의 총량은 이 값의 1/15,000 이하로 제한된다.

(a) 의 2 : 원유·중유·중 디젤유·윤활유 등으로 기입한다.

(b) : 트림의 조정 기타 이유로 인하여 화물유를 이적한 경우에는 이 난에 기입해야 한다.

(b)의 6 : Yes 또는 No를 기입한다.

Quantity disposed Date and place of disposal Method of disposal (state whether separator was usd)	

* The routine discharge at sea of bilge water containing any oil from machinery spaces need not be entered in the oil record bock, but if not, it must be entered in the appropriate log book, stating whether or not the discharge was made through a separator. Where the pump starts automatically and discharges through a separator at ail times it will be sufficient to enter each day'Automatic discharge from bilges through a separator'

(e) Accidental or other exceptional discharge of oil

Date and time of occurence Place or position of ship at time of occurence Approximate quantity and type of oil Circumstances of discharge or escape and general remarks	

__________________Signature of Officer or Officers in charge of operation concerned

__________________Signature of Master

(c) 통상 화물유의 양하 또는 타선으로의 전적작업을 한 경우에 기입한다. 사고로 인한 경우에는 별도 란에 기입한다.

(c)의 9 : Yes 또는 No를 기입한다.

(e)의 14 : Hand hosing(수동세정). Machine washing(기계적세정),

Chemicall washing(화학적 세정)의 하나를 기입한다.

(f)의 16 : 오손된 밸러스트의 단수작업, 개시 일시 및 당시의 선박위치를 경위도로 기입한다. 그러나 선박의 위치가 가장 가까운 육지로 부터 50마일 이내에 있을 때에는 작업을 금지한다.

(f)의 18 : 대수속력을 기입한다.

(f)의 19 : 오손된 밸러스트 배출시에 있어서 유분 배출율 및 유분 배출량은 다음과 같이 추정한다.

(1) 17항과 16항과의 차에 의하여 배출시간을 산출한다.

(2) 배출시간과 그 동안의 속력(18항)의 곱으로 항주시간을 산출한다.

(3) 19항의 배출량과 유분 농도의 곱으로 해수 중에 배출된 유분량 측정용 유분 농도계를 비치하고 있는 선박에서는 그 지시 값에 따른다. 실적에 의하면 이 농도는 밸러스트 상면에서 2~3m를 남기고 배출한 경우에는 50ppm이하이다.

(4) 전기 (3)의 유분량을 (2)의 항주거리로 나눈 몫이 유분 배출율이며, 이것은 60ℓ/M 이하이어야 한다.

(f)의 20 : 특설 슬롭 탱크 또는 슬롭 탱크에 준용되는 화물유 탱크로 옮기 오수량을 각 탱크의 식별번호 또는 부호와 함께 기입한다.

(f)의 21 : 오손된 밸러스트를 해수 중으로 버리지 않고 육상의 폐유 수용 시설 또는 바아지 등으로 양하한 경우에는 이 난에 기입한다.

(g)의 23 : 오손된 밸러스트 탱크의 세정수를 최후에 넣은 때로부터 단수작업을 개시하기까지의 시간을 기입한다.

(g)의 24 : 일단 단수작업을 한 후 정치하고 나서 다시 단수작업을 했을 때에는 전회 단수작업 종료시로부터 재차 단수작업을 개시할

때까지의 시간을 기입한다.

(g)의 25 : 24항의 오손된 밸러스트 배출과 같이 선박의 위치는 가장 가까운 육지로부터 50마일 이상 떨어져 있어야 한다.

(g)의 26 : 배출개시 전에 슬롭 탱크 내에 있는 슬롭의 깊이를 측정하여 그 값을 기입한다.

(g)27 : 배출개시 전에 유수 계면계 또는 Water paste 등으로 유수 경계면을 계측하고 그 깊이를 기입한다.

(g)의 28 : 통상 단수작업을 최초에는 메인 펌프로 하는데 메인 펌프로 배출한 양을 기입하며, 이때의 단위시간당 배출량도 아울러 기입한다.

(f)의 29 : 단수작업의 종료가 가까워지면 스트리핑 펌프로 절환하고 주의 깊게 배출해야 한다. 스트리핑 펌프로 절환 한 후 배출된 양 및 단위시간당 배출량을 기입한다.

(h)의 35 : 잔사유의 처리방법은 (a)∼(d)의 어느 하나를 기입한다.

(b) : Load on top하여 양륙한 경우는 여기에 해당한다.

(c) : Load on top하지 않고 슬롭 탱크로서 사용한 탱크 이외의 탱크로 옮기고 선내에 보류해 두는 경우가 여기에 해당한다.

(d) : 타선으로의 전적 또는 다른 방법으로 처분한 경우가 여기에 해당한다.

(i) : 항해 중 일과작업으로서 기름을 포함한 기관실, 빌지를 투기 할 경우에는 여기에 기입할 필요가 없다. 이 경우에는 Engine log book(기관일지)에다 투기시 분리기의 사용유무를 기입해야 한다. 펌프가 자동 발정하여 항상 분리기를 통해서 배출되는 구조로 된 경우에는'Automatic discharge from bilges through separator'(분리기를 통하여 자동배출)라고 기입하면 된다.

(i) : 제4조에는 제3조의 규정에 따르지 않고 예외적으로 배출 할 수 있는 규정이 있으므로 그러한 사례가 있었던 경우에 기입 한다.

(j)의 45 : 사고의 개요 및 배출 또는 유출을 방지하고 또는 감소시키기 위하여 취한 조치에 관하여 기술한다.

1.4 이외의 선박용 기름 기록부의 해설

(a)의 2 : Yes 또는 No를 기입한다. No의 경우 기름의 종류를 기입한다.

(a)의 3 : 가능하면 세정의 목적(예 : 검사, 공사)및 방법(수동 세정 및 화학적 세정)을 기입한다.

(b)의 6 및 7 : 배출개시 일시, 배출종료 일시와 각각의 선박위치를 기입한다.

(b)의 8 : 대수속력을 기입한다.

(b)비 9 : 사용 펌프의 종류·유수 분리기의 사용유무·정치분리·기타 유수분리의 방법과 연안 수용시설의 이용 등을 기입한다.

(b)의 10 : 탱크 내의 배출해야 할 유수의 총량을 기입한다.

(c)의 11 : 상온에서 유동성이 적은 유성물질로서 청정잔사·연소잔사·스캐밴지·슬러지·웨이스트·탱크 잔류물 등의 양에 대하여 매 항해 또는 처리에 요하는 때의 잔류물량을 kg 단위 또는 용량단위로 기입한다.

(c)의 12 : 잔류물을 어떻게 처리했는지 (a)~(c) 중 어느 하나 또는 선내 소각처리의 해당하는 것을 기입하면 된다.

(c)의 13 : 항해 중에는 처분한 일시를 기입한다.

(d) : 항해 중 일과작업으로서 기름을 포함한 기관실 빌지를 투기할 경우에는 여기에 기입할 필요가 없다. 이 경우에는 Engine log book에다 투기시에 분리기의 사용유무를 기입해야 한다.

펌프가 자동발정하여 항상 분리기를 통해서 배출되는 구조로 된 경우에는'Automatic discharge from bilges through separator'(분리기를 통하여 자동배출)이라고 기입하면 된다.

(e) : 제4조에는 제3조의 규정에 따르지 않고 예외적으로 배출할 수 있는 경우의 규정이 있으며, 이러한 사례가 있는 경우에 기입한다.

(e)의 22 : 사고의 개요 및 배출 또는 유출을 방지하고 또는 감소시키기 위하여 취한 조치에 관하여 기술한다.

2. 기호와 약자
Abbreviations & Symbols

[A]

A	aft	선미로, 후방으로
ab'm	abeam	정횡으로, 병항하다
A.C.	alternating current	교류
A/C, A/Co	alter course	변침하다
A/C Paint	anticorrosive paint	방청도료
A.D.F.	automatic direction finder	자동방위 탐지기
A/E	apparentice engineer	실습기관사
A/F paint	antifouling paint	방오도료
aft.	after	후방으로
age	lunar age	월령
A.H.	alter heading	항수방향을 바꾸다
ah'd	ahead	전방으로
a.m., A.M.	ante meridian	오전
Amp.	amplitude	출몰방위각
A.M.S.L.	above mean sea level	평균수면상
anch	anchorage	묘박지
ann	annual change	연차
A/O	apprentice officer	실습항해사
A. P.	after peak	선미
App.	apparent	시(視)·겉보기의
App.	apprentice	실습
approx.	approximate	약(約), 개위(槪位)

A.P.T.	after peak tank	선미수조
Arch.	Archipelago	군도
arr	arrival	도착의
Asst.	Assistant	조수(助手)
ast.	astern	선미로, 후방으로
A.T.	apparent time	시시(視時)
Av.	average	평균(의)·해손
⚓	anchor	닻
⚓ ed	anchored	투묘)했다.
&	and	그리고, 및

[B]

B	Bay	만, 후미
B	breadth	선폭
b	fine(=blue sky)	맑음
baro.	barometer	청우계
be	fine cloudy	갬
Bg, Brg.	bearing	방위
b.h.d.	bulkhead	격벽
B.H.,(B/H)	bill of health	건강증명서
B.H.P.	brake horse power	제동마력
Bk	Bank	사주(砂洲), 모래톱
B/L	bill of lading	선하증권
bl.	black	흑색의
B/N	boat note	화물수령증
B'n	Beacon	입표·신호소
bos'n	boatswain	갑판장
br.	brown	갈색의
br'ze	breeze	경풍·미풍

B.T.	ballast tank	밸러스트 탱크
B/T	boot top paint	수선용 선저도료
B.W.	break water	방파제
B.W.E.	break water entrance	방파제 입구
b'y	buoy	부표
b'y l't	buoy light	부표등

[C]

C	cable	닻줄, 케이블(1/10마일)
C	cape	곶
C	centigrade	섭씨
C	compass	나침의
C	cloudy	흐림
Capt	captain	선장
C.E.	chronometer error	크로노미터 오차
C.E.	compass error	컴퍼스 오차
C/E	chief engineer	기관장
C.G.	coast guard	연안 경비대
chro.	chronometer	크로노미터
chy	chimney	연돌
cl	clerk	사무원
CO.	company	회사
CO.	course	침로
c/o	chief officer	일등 항해사
com'ced	commenced	개시했다
comp.	compass	컴퍼스
consum.	consumption	소비
cor.	correction	수정
C/R	chief radio officer	통신장
C.R.T.	cathode ray tube	브라운 관

C/S	chief steward	사주장(司厨長), 주방장
C.S.T.	Central Standard Time	중앙표준시
cub.	cubic	입방(立方)

[D]

D	day	날
d	drizzling rain	이슬비
D.C.	direct current	직류
dec.	declinat on	적위
dep.	departure	동서거(東西距)·출발
dev.	deviation	자차
dia.	diameter	직경
dist.	distance	거리
d'k	deck	갑판
do.	ditto	위와 같이, 상동(上同)
D.R.	dead reckoning	추측의
Dr.	doctor	의사
D.T.	deep tank	심수조
D/W.D.W.	dead weight	재화중량

[E]

E	east	동쪽
E	error	오차
E.D.	existence doubtfull	존재가 의심스럽다
E'ly	easterly	동쪽의
E.H.P.	effective horse power	유효마력
eng.	engine	기관
E.P.	estimated position	추정위치
e'r	error	오차

E.T.A.	estimated time of arrival	입항예정시각
etc.	et cetera	등(等)
E.T.D.	estimated time of departure	출항 예정시각
ev.	every	모든, 매(하나하나)

[F]

F.	Fahrenheit	화씨
f.	fore	선수·전부
f.	full	전속
f.	fog(foggy weather)	안개
f.	fine	가는
F&A	fore and aft	선수미
F'castle	forecastle	선수루
F/H	Full ahead	전진전속
f'ms	fathoms	패덤
F.O.	fuel oil	연료유
F.P.T.	fore peak tank	선수수조
F/S	full astern	후진전속
f't	feet	피트
F/W eng.	finished with engine	기관종료
F.W.T.	fresh water tank	청수조
f'wd	forward	전방으로
1/E	first engineer	일등 기관사
1/0	first officer	일등 항해사
4/0	fourth officer	사등 항해사

[G]

G.M.T.	Greenwich mean time	그리니치 평시
g.	gravel	자갈

gr.	gramme	그람
G.T.	gross tonnage	총톤수

[H]

H.	half	반속
H.	hour	시간
H.	house	집
h	hail	우박
H/A	half ahead	전진반속
H'd	headland	곶
H/H	half ahead	전진반속
H.P.	horse power	마력
Hr.	harbour	항
H/S	half astern	후진반속
H.W.	high water	고조

[I]

I., I'd	island	섬
I'ds	islands	제도·군도
I.H.P.	indicated horse power	도시마력
in.,″	inch	인치

[J]

J.,j	Junior	하급의, 하위의

[K]

K.	Kilometer	킬로미터
K.R.	Korea register of shipping	한국 선급협회
K.S.T.	Korean standard time	한국 표준시
k't	knot	노트

[L]

L.	longitude	경도
l.	length	길이
l.	lightning	번개
l.	local	지방의
l.	lower	하방의
L.A.T.	local apparent time	지방시시
lat.	latitude	위도
L.H.	lower hold	하부창
L.M.T.	local mean time	지방평시
L.O.	lubricating oil	윤활유
L.O.A.	length over all	전장
L.P.G.	liquefied petroleum gas	액화석유 가스
L.PP	length between perpendicular	수선간장
L.R.	Lloyd's register of shipping	로이드 선급협회
L.S.S.	life saving station	해난구제소
L.S.T.	local standard time	지방표준시
L't	light	등화
L't B'n	light beacon	등표
L't B'y	light buoy	등부표
L't H., L't H° L.H.,	light house	등대
L.T.d'k	lower-tween deck	하부 중갑판
L't ves.	light vessel	등선
L.W.	low water	저조

L.W.L.	load water line	만재 흘수선

[M]

M	mean	평균
M	meter	미터
M	mile	마일
M	minute	분
M.	mud	뻘
m	mist	실안개
mag.	magnetic	자기의
max.	maximum	최대
M.Co.	magnetic course	자침로
meri.	meridian	자오선
mid.	middle	중간
min.	minimum	최소
min.	minute	분
M.N.	midnight	밤 12시, 야반
mod.	moderate	온화한
M/R	mate receipt	항해사 화물 수령증
M.S.	motor ship	기선
M.T.	mean time	평시
M't	mount	산
M.V.	motor vessel	기선
	moon	달

[N]

N	north	북쪽
N'ly	notherly	북쪽의
N.H.P.	normal horse power	열속 최대마력
NO.(No,#)	number	번호·수

N.T.	net tonnage	순톤수
N.V.	Det Norske Veritas	노르웨이 선급협회

[O]

obs'd	observed	관측한
o'cast	overcast	음침한
off.(O.)	officer	사관

[P]

P.	position	위치
p	passing shower	소나기
Pass.	passage	수로, 항로
p'd	passed	통과했다
Pen.	Peninsular	반도
P'k	peak	봉
P.L.	position line	위치의 선
P. og	Patent log	예항 측정기
p.m.	post meridiem	오후
P.P.I.	plan position indicator	도식 위치 지시기
P.P.S.	pulse per second	펄스 매초
p't	point	점·지점

[Q]

Q	Quarantine	검역
q	squall	스콜
Q' Master	Quartermaster	조타원
Q'Station	Quarantine station	검역소

[R]

R.	river	강
R.	radio	무선
R.	rock	바위
r	rain	비
rad.	radius	반경
R.B'n	radio beacon	라디오 비이컨
R.C.	circular radio beacon station	무지향식 무선 표지국
R.D.	directional radio beacon station	지향식 무선 표지국
rec'd	received	수령했다
res'd	resumed	개재했다
rev.	revolution	회전
R'f	reef	암초
R.G.	radio gonio station	무선방향 탐지국
R.P.M.	revolution per minute	매분 회전수
R/up	ring up, rung up	원속지속

[S]

S.	sand	모래
S.	slow	미속
S.	senior	상위의, 상급의
S.	south	남쪽
s	snow	눈
S.A.T.	ship's apparent time	선내시시
S/B	stand by	준비하라
S/Co.	set course	정침하다
sec.	second	초, 제2의
S/H	slow ahead	전진미속
S.H.P.	shaft horse power	축마력

sig.	signal	신호
s'l	sail	돛
S/log	set log	로그를 준비하라
S'ly	southerly	남쪽의
S.M.T.	ship's mean time	선내평시
S/O	shipping order	선적지시서
sp'd	speed	속력
sq.	square	평방
S.S.	steam ship	기선
Ss	shackles	섀클, 절
S/S	slow astern	후진미속
S.sig.	storm signal.	폭풍표지
St.	stone	돌
star'd	starboard	우현
stop'd	stopped	중지했다
str.	strait	해협
S.W.L.	safety working load	안전하중
2/0	second officer	이등 항해사
2/E	second engineer	이등 기관사
2/R	second radio officer	이등 통신사
2/W	second wire ess officer	이등 통신사
⦿	sun	태양
☆	star	별
S.V	steam vesse	기선

[T]

T.	time	시
T.	ton	톤
temp.	temperature	온도
temp.	temporary	임시의
temp'ly	temporarily	임시로

T'Gallant	Top gallant	톱 갤런트
Tr	tower	탑
T.S.	test strength	시험력
T.S.	training ship	연습선
3/O	third officer	삼등 항해사
3/E	third engineer	삼등 기관사
3/R	third radio officer	삼등 통신사
3/W	third wireless officer	삼등 통신사

[U]

U.	upper	상부의
u	gly weather	험악한 날씨
U.T.	universal time	세계시
U.T. d'k	upper tween deck	상부 중갑판
U.S.C.G	United States Coast Guard	미국 연안 경비대

[V]

v.	very	매우
var.	variation	편차(偏差)
var.	various	여러가지
var'ly	variously	여러 가지로

[W]

W.	west	서쪽
W.	watt	와트
w.	dew	이슬
W'ly	westerly	서쪽의
Wr	weather	날씨

w/	with	와 함께, 와 같이, 으로서
w/o	wireless operator.	통신사

[Y]

yd	yard	야드

[Z]

Z.T.	zone time	경대시, 경도대표준시

3. 세계 각국의 국경일과 축제일

※뒷면 축제일 설명 참조

Country (국 명)	Month (월)	Day (일)	축 제 일 의 내 용
Canada	1	1	New Year's Day (신정)
(캐나다)	*		Good Friday (성 금요일, 예수 수난일)
	*		Easter Monday(이스터 먼데이)
	1st Mon, preceding May 25 (5월 25일 또는 그 직전의 월요일)		Victoria Day(= Empire Day) (빅토리아 여왕 탄생일)
	6	2	Coronation Day(대관 기념일)
	Thurs in early June (6월 상순의 목요일)		Queen's Birthday (여왕 탄생일)
	7	1	Dominion Day (건국 기념일)
	8	1st Mon. (제1월요일)	Civic Holiday (시빅 홀리데이)
	9	7	Labor Day (노동절)
	10	2nd Mon. (제2월요일)	Thanksgiving Day (추수 감사절)
	11	11	Remembrance Day (휴전 기념일)
	12	25	Christmas Day (성탄절)
Denmark	1	1	New Year's Day (신정)
(덴마크)	3	11	King's Birthday (국왕 탄생일)
	*		Easter Holidays (부활절)
	5	5	Liberation Day(자유제)
	6	23	Midsummer Night(하지제)
	12	25	Christmas Day(성탄절)
France	1	1	New Year's Day(신정)
(프랑스)	*		Easter Monday(이스터 먼데이)

Country (국 명)	Month (월)	Day (일)	축 제 일 의 내 용
France (프랑스)	5	1	Labor Day (노동절)
	*		Ascension Day (승천제)
	*		Whit Monday (위트 먼데이)
	7	14	Bastille Day (혁명 기념일)
	8	15	Assumption dya(성모승천대축일)
	11	1	All Saints Day (만성절)
	11	11	Armistice Day (휴전 기념일)
	12	25	Christmas Day (성탄절)
England and Wales (잉글랜드 및 웨일즈)	1	1	New Year's Day (신정)
	*		Good Friday (성 금요일)
	*		Easter Monday (이스터 먼데이)
	8	1st Mon. (제1월요일)	Bank Holiday (뱅크 홀리데이)
	12	25	Christmas Day (성탄절)
	12	26	Boxing Day (박싱 데이)
	(주 : 6월 초순의 목요일을 해마다 여왕 탄생일로서 공지한다. 다만 은행과 관청은 휴무하지 않는다)		
Germany (독일)	1	1	New Year's Day (신정)
	*		Good Friday (성 금요일)
	*		Easter Monday(이스터 먼데이)
	*		Ascension Day (승천제)
	*		Whitsuntide (성령 강림절)
	5	1	Labor Day (노동절)
	11	1	All Souls' Day (위령의 날)
	12	25	Christmas Day (성탄절)
	12	26	St. Stephen's Day(성 스테판의 날)
HongKong (홍콩)	1	1	New Year's Day (신정)
	1 ~2		Chinese New Year (구정)
	*		Good Friday (성 금요일)

Country (국 명)	Month (월)	Day (일)	축 제 일 의 내 용
HongKong (홍콩)	*		Easter Monday(이스터 먼데이)
	*		Whit Monday (위트 먼데이)
	6		Queen's Birthday (여왕 탄생일)
	7	1st week day (최초의 평일)	Summer Holiday (여름 휴가)
	7	30	Liberation Day (광복절)
	9		Chinese Midautum Festival(추석)
	10	10	Foundation of the Republic of China (쌍십절)
	12	25	Christmas Day (성탄절)
	12	26	The following day of Christmas (성탄절의 다음날)
India(1) (인도)	Government of India (인도 정부)		
	1	1	New Year's Day (신정)
	1	26	Republic Day (공화국 창건일)
	*		Good Friday (성 금요일)
	10	2	Mahatma Gandhi's Birthday (간디 탄생일)
	11	10	Guru Nanak's Birthday (구루 나나크 탄생일)
	12	25	Christmas Day (성탄절)
(2)	West Bengal (Calcutta) (서 뱅갈) (캘커타)		
	1	1	New Year's Day (신정)
	1	23	Netaj's Birthday (네타지 탄생일)
	1	26	Republic Day (공화국 창건일)
	*		Good Friday (성 금요일)
	*		Holy Saturday (성 토요일)
	6	30	Half-yearly closing of Banks Accounts (은행 반기 결산일)
	10	2	Mahatma Gandhi's Birthday (간디 탄생일)
	12	25	Christmas Day (성탄절)

Country (국 명)	Month (월)	Day (일)	축 제 일 의 내 용
Indonesia	1	1	New Year's Day (신정)
(인도네시아)	1	15	Ascension of Mohammed (모하메드 승천제)
	3	5	Revelation of Holy Scripture (경전 계시제)
	3	18 ∼ 19	Bairam (바이람제)
	*		Good Friday (성 금요일)
	*		Easter Monday (이스터 먼데이)
	5	1	May Day (오월제)
	*		Ascension Day (승천제)
	*		Whit sunday (성령 강림절)
	5	25	Hegira (헤지라의 날)
	6	14	New Year of Mohammed (회교 신정)
	8	17	Independence Day (독립 기념일)
	8	24	Birthday of Mohammed (모하메드 탄생일)
	12	25	Christmas Day (성탄절)
Italy	1	1	New Year's Day (신정)
(이탈리아)	1	6	Epiphany (공현 대축일)
	3	19	St. Joseph's Day (성 조세프의 날)
	*		Easter Monday (이스터 먼데이)
	4	25	Liberation Day (자유제)
	5	1	Labor Day (노동절)
	*		Ascension Day (승천제)
	*		Corpus Domini-Day(기독교 성체절)
	6	2	Feast of the Republic (공화국 선언 기념일)
	6	29	Feast of St. Peter and Paul (성 피터, 성 폴의 날)
	8	15	Assumption day(성모승천대축일)

Country (국 명)	Month (월)	Day (일)	축 제 일 의 내 용
Italy	11	1	All Saints'Day (모든 성인의 날)
(이탈리아)	11	4	National Unity Day (휴전 기념일)
	12	8	Immaculate Conception (원죄 없이 잉태되신 성모 대축일)
	12	25	Christmas Day (성탄절)
	12	26	St. Stephen's Day(성 스테판의 날)
Japan (일본)	1	1	New Year's Day (신정)
	1	15	Adults'Day (성인의 날)
	3	21(20)	Vernal Equinox Day (춘분)
	4	29	Emperor's Birthday (천황 탄생일)
	5	3	Constitution Memorial Day(헌법 기념일) Children's Day (어린이날)
	9	24(23)	Autumnal Equinox Day (추분)
	11	3	Culture Day (문화의 날)
	11	23	Labor Thanksgiving Day (근로 감사의 날)
Pakistan	1	1	New Year's Day (신정)
(파키스탄)	*		Good Friday (성 금요일)
	6	30	Bank Holiday (뱅크 홀리데이)
	8	14	Pakistan Day (파키스탄의 날)
	9	11	Quaid-i-Azam's Death Anniversary (퀘이디아잠제)
	12	25	Christmas Day (성탄절)
Philipines (필리핀)	1	1	New Year's Day (신정)
	*		Good Friday (성 금요일)
	*		Easter Monday (이스터 먼데이)
	5	1	Labor Day (노동절)
	6	19	Rizal Centennial Day (리잘 백년제)

Country (국 명)	Month (월)	Day (일)	축 제 일 의 내 용
Philipines	7	4	Independence Day (독립 기념일)
(필리핀)	7	30	National Heroes' Day (영웅의 날)
	12	25	Christmas Day (성탄절)
	12	30	Rizal Day (리잘 데이)
Singapore	1	1	New Year's Day (신정)
(싱가포르)	1∼2		Chinese New Year (구정)
	*		Easter Monday (이스터 먼데이)
	6		Queen's Birthday (여왕 탄생일)
	8		Bank Holiday (뱅크 홀리데이)
	11		Prophet Mohammed's Birthday (예언자 모하메드 탄생일)
	12	25	Christmas Day (성탄절)
	12	26	The following day of Christmas (성탄절 다음 날)
Sweden	1	1	New Year's Day (신정)
(스웨덴)	1	6	Twelfth Night (십이야-주현절 전야제)
	3	25	Lady Day (성모님의 날)
	*		Good Friday (성 금요일)
	*		Easter Monday (이스터 먼데이)
	5	1	Spring Festival (봄축제)
	*		Ascension Day (승천제)
	*		Whit Monday (위트 먼데이)
	6	6	Flag Day (국기의 날)
	Sat. nearest June 24 (6월 24일에 가장 가까운 토요일)		Midsummer Day (하지제)
	12	25	Christmas Day (성탄절)
	12	26	St. Stephen's Day (성 스테판의 날)
	(주 : 11월 11일의 국왕 탄생일에는 은행과 관청은 휴무하지 않는다)		

Country (국 명)	Month (월)	Day (일)	축 제 일 의 내 용
Switzerland	1	1	New Year's Day (신정)
(스위스)	*		Good Friday (성 금요일)
	*		Corpus Christi (기독 성체절)
	*		Easter Monday (이스터 먼데이)
	*		Ascension Day (승천제)
	*		Whit Monday (위트 먼데이)
	8	1	Independence Day (독립 기념일)
	12	25	Christmas Day (성탄절)
Taiwan (자유 중국)	1	1	New Year's Day (신정·중화민국 성립 기념일)
	1∼2		Chinese New Year (구정)
	3	29	Adult Day (성인의 날)
	9	28	Birthday of Confucius (공자 탄생일, 스승의 날)
	10	10	National Holiday (쌍십절)
	11	12	Birthday of Sun-Wen (국부 탄생일)
Thailand	1	1	New Year's Day (신정)
(태국)	2		Makha Buja (만불절)
	4	6	Chakri Day (현왕조 창설일)
	4	13	Songkran (송크란)
	5	5	Coronation Day (대관 기념일)
	5		Wisakha Buja (석가 탄신일)
	7		Bud'dhist Lent (단식일)
	8	12	Queen's Birthday (왕비 탄생일)
	10	23	Chulalongkorn Day(출랄롱 대왕제)
	12	5	King's Birthday (국왕 탄생일)
	12	10	Constitution Day (헌법 기념일)
Egypt (이집트)	2	22	Memorial Day of National Union (아랍 연합국 기념일)

Country (국 명)	Month (월)	Day (일)	축 제 일 의 내 용
Egypt	3	17∼20	Lesser Bairam (소 바이람)
(이집트)	4	10	Opening of Spring (춘분)
	5	24∼28	Great Bairam (대 바이람)
	6		New Year of Arab Calendar (아랍 달력의 신정)
	6	18	Evacuation of British Forces (영국군 철퇴 기념일)
	7	23	Nasel's Revolution (나셀 혁명 기념일)
	8	23	Prophet Mohammed's Birthday (모하메드 탄생일)
U. S. A.	1	1	New Year's Day (신정)
(미국)	2	12	Lincoln's Birthday (링컨 탄생일)
	2	22	Washington's Birthday (워싱턴 탄생일)
	5	30	Memorial Day (현충일)
	7	4	Independence Day(독립 기념일)
	9	1st Mon. (제1월요일)	Labor Day (노동절)
	10	12	Columbus Day (컬럼버스 데이)
	11	Tues. after 1st Mon. (제1월요일 후의 월요일)	Election Day (대통령 선거일
	11	11	Veterans'Day (휴전 기념일)
	11	4th Thurs. (제4목요일)	Thanksgiving Day (추수 감사절)
	12	25	Christmas Day (성탄절)

축제일 설명(National Holidays Memo)

Easter (부활절)	부활절은 춘분(3월 21일) 또는 그 이후의 만월 뒤 첫 일요일이고, 만월이 일요일에 해당되면 다음 일요일이다. 월일이 이동하는 제일은 거의가 부활절을 기준하여 기산한다.
Ascension Day (승천제)	부활절 후 40 일째
Corpus Christi(기독 성체절)	트리니티 일요일(삼위일체 축일) 후의 목요일
Easter Monday (이스터 먼데이)	부활절 다음 날
Good Friday(성 금요일)	부활절 전의 금요일
Holy Saturday(성 토요일)	부활절 전의 토요일
Whit sunday(성령 강림제)	부활절 후 제7의 일요일
Whit Monday(위트 먼데이)	성령 강림제의 다음 날
Whit suntide(성령 강림절)	성령 강림제로부터 1 주간

4. 영문 이력서 서식

4.1 영문 이력서 서식 ①

외국상사에 취직할 때에는 반드시 이력서(Personal History) 또는 신상명세서(Personal History Statement)를 제출하게 된다. 다음은 미군에서 사용하고 있는 영문 신상명세서의 서식인데 보통의 영문 이력서는 이 가운데의 중요 항목을 기입하면 된다.

PERSONAL HISTORY STATEMENT
(PLEASE PRINT)

Date :_______________

Position Applied For :_______________________________

Name :___________________ Sex :___________________
(Last) (First)

Age :_________ Date of Birth :_______________________
(Day) (Month) (Year)

Birthplace : _____________________________________
(City) (Prefecture) (Country)

Citizenship : _____________________________________

Hight :____ Ft.____ In. Weight :____ Lbs. Color of Hair :_______

Identifying Marks, Scars etc. : _______________________

Present Address : _________________________________
(Number) (Street) (Ward)

____
(District) (City) (Prefecture)

Last Place of Residence : ___________________________
(Number) (Street) (Ward)

____
(District) (City) (Prefecture)

Father's Name : ______________________________
(Last) (First)

Father's Address : ______________________________
(Number) (Street) (Ward)

____
(District) (City) (Prefecture)

Mother's Name : ______________________________
(Last) (First)

Mother's Address : ______________________________
(Number) (Street) (Ward)

____
(District) (City) (Prefecture)

Husband's or Wife's Name : ______________________
(Last) (First)

Address : ______________________________
(Number) (Street) (Ward)

____
(District) (City) (Prefecture)

Education : ______________________________
(School) (City)

____________________ From :___ To :___ Grad :___
____________________ From :___ To :___ Grad :___
____________________ From :___ To :___ Grad :___

Last Three Places of Employment :

1. Name of Employer : ______________________________
   Address : ______________________________
   (No.) (St.) (Ward) (District) (City) (Prefecture)
   Name of Immediate Superior : ____________________
   (Last) (First)
   Position : _____ From : _____ To : _____ Salary : _____
2. Name of Employer : ______________________________
   Address : ______________________________
   (No.) (St.) (Ward) (District) (City) (Prefecture)

Name of Immediate Superior : ______________________

(Last) (First)

Position : _____ From : ______ To : ____ Salary : _____

3. Name of Employer : ______________________________

Address : ______________________________________

(No.) (St.) (Ward) (District) (City) (Prefecture)

Name of Immediate Superior : ______________________

(Last) (First)

Position : _____ From : ______ To : _____ Salary : _____

Travel Outside Korea :

Country Visited : Length of Stay : Purpose of Visit :

______________ ______________ ______________

______________ ______________ ______________

______________ ______________ ______________

Membership in Organizations :

(Political, Military, Social) _________________________

____

____

____

Signature must be written.

____

Unit Assigned To : Job Classification : Date :

______________ ______________ ______________

______________ ______________ ______________

______________ ______________ ______________

____

Signature of Processor

4.2 영문 이력서 서식 ②

영문 이력서는 자신의 과거를 자서전 형식으로 쓰는 방법과 4.1과 같은 방법 이외에 외국상사 제출용으로서 국문 이력서를 영역한 다음의 형식이 대체로 무난할 것이다.

PERSONAL HISTORY

photo	Full Name : Gildong Hong Address : 7, 3-ga, Chungmuro, Jung-gu, Seoul Age : 28 years 9 months. Date of Birth : May 11, 1983.

Family Relationship : Second son of Panseo Hong, Head of Family

Permanent Domicile : 56, Suan-dong, Dongrae-gu, Busan.

EDUCATION

1. Busan Middle School :
   Completed the whole course in March 1998.
2. Seoul High School :
   Entered in March 1998 and finished the third year course in February 2001.
3. Incheon Merchant Marine College, Department of Engineering : Entered in March 2001 and graduated in January 2005.

LICENSE

2nd engineer of the 1st grade

OCCUPATION

1. Dongbang Trading Co., Ltd. Seoul :
   Employed as 3rd Engineer on board the S. S.'Silver Star'from April 15, 2005 up till September 20, 2006.
2. Namyangsa Co., Ltd. Seoul :

Entered its service in October 1, 2006 and assigned to Marine Engineering Section :
Appointed Chief Marine Engineer in June 1. 2007, serving in that capacity up to this date.

REFERENCES

Prof. A. Chang, Busan National University, Busan.

Gildong Hong

December 24, 20______.

이 력 서

본 적 : 부산시 동래구 수안동 56번지
현주소 : 서울 특별시 중구 충무로 3가 7번지

호주 홍판서의 차남 홍 길 동
서기 1983년 5월 11일생 (29세)

학 력

1. 부산 중학교 서기 1998년 3월 졸업
2. 서울 고등학교
   서기 1998년 3월 입학 서기 2001년 2월 졸업
3. 인천 상선대학 기관학과
   서기 2001년 3월 입학 서기 2005년 1월 졸업

면 허

2등 기관사

경 력

1. 동방 무역 주식회사(서울 특별시)
   서기 2005년 4월 15일부터 서기 2006년 9월 20일까지
   기선'실버 스타호'에 승선하여 3등 기관사로서 근무함
2. 남양사 주식회사(서울 특별시)
   서기 2006년 10월 1일 입사, 조선공무과 근무.

서기 2007년 6월 1일 주임 조선기사로 임명되어 현재에 이름.

상벌 공히 없음

상기와 같이 상위 없음

서기 20 년 12월 24일

홍 길 동 (인)

[주] ①'이력서'를 영미인은 Curriculum Vitae 보다 Personal History로 많이 쓴다.

② 외국에서는 현주소·본인의 신장, 체중, 건강상태에 중점을 두고 본적은 생략하는 수가 많다.

③ 학력을 간단히 다음과 같이 쓰기도 한다.
Gunsan Merchant Marine College (2001-2005), 또는 Graduate of Gunsan Merchant Marine College, 2005.

④ 경력은 입사 연월일·직책·근무기간·본봉 및 직속상사명 등과 취급사무의 내용 및 근무성적을 상세히 쓰기를 권한다.

⑤ 상벌 공히 없음을 직역하면 Rewards and Punishments : None 으로 된다.

⑥ 상기와 같이 상위 없음을 번역하면 'I hereby certify that the above statement is true and correct in every details.' 이다.
그러나 보통은 신원조회처(REFERENCES)의 주소·성명을 쓰고 있다. 즉, 부산시 부산 국립대학교 장 A. 교수와 같다.

5. 상 용 단 위 환 산 표

尺 度 (길이)

밀리미터	센티미터	미터	킬로미터	인치	피트	英야드	체인	마일	分	寸	尺	間	町	里
1	0.1	0.001	....	0.03937	0.00328	0.00109	0.00005	....	0.33	0.033	0.0033	0.00055	....	....
10	1	0.01	0.00001	0.39370	0.03281	0.01094	0.00050	....	3.3	0.33	0.033	0.0055	0.00009	....
1000	100	1	0.001	39.3701	3.28084	1.09361	0.04971	0.00062	330	33	3.3	0.55	0.00917	0.00025
1000000	100000	1000	1	39370.1	3280.84	1093.61	49.7097	0.62137	330000	33000	3300	550	9.16667	0.25463
25.40	2.540	0.02540	0.00003	1	0.08333	0.02778	0.00126	0.00002	8.3820	0.83820	0.08382	0.01397	0.00023	0.00001
304.79	30.479	0.30479	0.00030	12	1	0.33333	0.01515	0.00019	100.584	10.0584	1.00584	0.16764	0.00279	0.00008
914.38	91.438	0.91438	0.00091	36	3	1	0.04545	0.00057	301.752	30.1752	3.01752	0.50292	0.00838	0.00023
20116.8	2011.68	20.1168	0.02012	792	66	22	1	0.01250	6638.54	663.854	66.3854	11.0642	0.18440	0.00512
1609340	160934	1609.34	1.60934	63360	5280	1760	80	1	531084	53108.4	5310.84	885.139	14.7523	0.40979
3.03030	0.30303	0.00303	....	0.11930	0.00994	0.00331	0.00015	....	1	0.1	0.01	0.00167	0.00003	....
30.3030	3.03030	0.03030	0.00003	1.19303	0.09942	0.03314	0.00151	0.00002	10	1	0.1	0.01667	0.00028	0.00001
303.030	30.3030	0.30303	0.00030	11.9303	0.99419	0.33140	0.01506	0.00019	100	10	1	0.16667	0.00278	0.00008
1818.18	181.818	1.81818	0.00182	71.5820	5.96516	1.98839	0.09038	0.00113	600	60	6	1	0.01667	0.00046
109091	10909.1	109.091	0.10909	4294.92	357.910	119.303	0.42288	0.06779	36000	3600	360	60	1	0.02778
3927270	392727	3927.27	3.92727	....	12884.8	4294.92	195.224	2.44029	1296000	129600	12960	2160	36	1

面　　度 (넓이)

平方 센티미터	平方미터	平方 킬로미터	아르	平方인치	平方피트	平方야드	平方마일	에이커	平方尺	坪(步)	畝	反	町	平方里
1	0.0001	....	....	0.15500	0.00108	0.00012	....	....	0.00109	0.00003	....	....	....	....
10000	1	....	0.01	1550.00	10.7639	1.19599	....	0.00025	10.8900	0.30250	0.01010	0.00101	0.00010	....
....	1000000	1	10000	....	....	....	0.38610	247.106	....	302500	10083.3	1008.33	100.833	0.06484
1000000	100	0.0001	1	155000	1076.39	119.599	0.00004	0.02471	1089	30.2500	1.00833	0.10083	0.01008	....
6.4516	0.00065	....	....	1	0.00694	0.00077	....	....	0.00703	0.00020	0.00001	....	....	....
929.030	0.09290	....	0.00093	144	1	0.11111	....	0.00002	1.01171	0.02810	0.00094	0.00009	0.00001	....
8361.27	0.83613	....	0.00836	1296	9	1	....	0.00021	9.10543	0.25293	0.00843	0.00084	0.00008	....
....	....	2.58999	25899.9	....	....	....	1	640	....	783471	26115.7	2611.57	261.157	0.16972
....	4046.85	0.00405	40.4685	....	43560	4840	0.00156	1	44070.0	1224.17	40.8056	4.08056	0.40806	0.00026
918.274	0.09183	....	0.00092	142.333	0.98842	0.10983	....	0.00002	1	0.02778	0.00093	0.00009	0.00001	....
33057.9	3.30579	....	0.03306	5123.98	35.5832	3.95372	....	0.00082	36	1	0.03333	0.00333	0.00033	....
991735	99.1735	0.00010	0.99174	153719	1067.50	118.612	....	0.02451	1080	30	1	0.1	0.01	....
....	991.735	0.00099	9.91735	....	10675.0	1186.12	0.00038	0.24507	10800	300	10	1	0.1	0.00006
....	9917.35	0.00992	99.1735	....	106750	11861.2	0.00383	2.45066	108000	3000	100	10	1	0.00064
....	....	15.4235	154235	....	....	....	5.95504	3811.22	....	4665600	155520	15552	1555.2	1

容　積 (부피)

立方 센티미터	立方미터	리터	美갈론	美쿼트	美파인트	立方인치	立方피트	立方야드	英갈론	배럴	合	升
1	0.000001	0.001	0.00026	0.00106	0.00212	0.06102	0.00004	…………	0.00022	…………	0.00554	0.00055
1000000	1	1000	264.171	1056.7	2113.4	61023.7	35.3147	1.30795	219.963	6.28978	5543.52	554.352
1000	0.001	1	0.26417	1.0567	2.1134	61.0237	0.03532	0.00131	0.21996	0.00629	5.54352	0.55435
3785.43	0.00379	3.78543	1	4.0000	8.0001	231.001	0.13368	0.00495	0.83263	0.238095	20.9847	2.09847
946.30	0.00094	0.9463	0.25000	1	2	…………	0.03342	…………	0.20816	0.0059524	…………	…………
473.20	0.00047	0.4732	0.12500	0.5	1	…………	0.01671	…………	0.10408	0.0029762	…………	…………
16.3871	0.00002	0.01639	0.00433	…………	…………	1	0.00058	0.00002	0.00361	0.000103	0.09084	0.00908
28316.9	0.02832	28.3169	7.48051	29.922	59.844	1728	1	0.03704	6.22883	0.178107	156.975	15.6975
764556	0.76455	764.556	201.973	807.89	1615.78	46656	27	1	168.179	4.80884	4238.35	423.835
4545.96	0.00455	4.54596	1.20091	4.8036	9.6073	277.413	0.16054	0.00595	1	0.285938	25.2014	2.52014
158938	0.158938	158.938	42	168	336	9702.00	5.61460	0.207950	34.9726	1	881.3227	88.13227
180.391	0.00018	0.18039	0.04765	0.19060	0.3812	11.0081	0.00637	0.00024	0.039725	0.00113	1	0.1
1803.91	0.00180	1.80391	0.47654	1.9060	3.8120	110.081	0.06370	0.00236	0.397251	0.01134	10	1

重　　量 (무게)

캐러트	밀리그램	그램	킬로그램	톤	그레인	온스	파운드	英톤	美톤	分	돈중	관	근
1	200	0.2	0.0002	....	3.08642	0.00705	0.00044	....	....	0.53333	0.05333	0.00005	0.00033
0.005	1	0.001	....	....	0.01543	0.00004	....	....	....	0.00267	0.00027	....	....
5	1000	1	0.001	....	15.4321	0.03527	0.00220	....	....	2.66667	0.26667	0.00027	0.00167
5000	1000000	1000	1	0.001	15432.1	35.2734	2.20459	0.00098	0.00110	2666.67	266.667	0.26667	1.66667
5000000	....	1000000	1000	1	....	35273.4	2204.59	0.98419	1.10229	....	266667	266.667	1666.67
0.32425	64.8	0.0648	0.00007	....	1	0.00229	0.00014	....	....	0.17280	0.01728	0.00002	0.00011
141.750	28350	28.3495	0.02835	0.00003	437.5	1	0.0625	0.000027	0.000031	75.6000	7.56000	0.00756	0.04725
2268	453592	453.592	0.45359	0.00045	7000	16	1	0.00045	0.00050	1209.63	120.963	0.12096	0.75559
....	....	....	1016.06	1.01606	....	35840	2240	1	1.12	....	270946	270.946	1693.44
....	....	....	907.185	0.90719	....	32000	2000	0.89286	1	....	241920	241.920	1511.97
1.875	375	0.375	0.00038	....	5.78704	0.01323	0.00083	....	....	1	0.1	0.0001	0.00063
18.75	3750	3.75	0.00375	....	57.8704	0.13228	0.00827	....	....	10	1	0.001	0.00625
18750	....	3750	3.75	0.00375	57870.4	132.275	8.26720	0.00369	0.00413	10000	1000	1	6.25
3000	600000	600	0.6	0.0006	9259.26	21.1640	1.32275	0.00059	0.00066	1600	160	0.16	1

일 및 熱量 (열량)

Joule (絶 對)	kg · m	Ft · lb	Kw · hr	HP · hr (HP=746watt)	Kcal.	B. t. u.
1	0.1020	0.7376	0.00000028	0.00000038	0.0002389	0.000948
9.807	1	7.233	0.0000027	0.0000035	0.002343	0.009297
1.356	0.1383	1	0.00000038	0.00000050	0.0003239	0.001285
3600000	367100	2655000	1	1.3405	860.0	3413
2686000	273900	1981000	0.746	1	641.6	2546
4186	426.9	3087	0.001163	0.001559	1	3.968
1055	107.6	778.0	0.000293	0.0003928	0.2520	1

Kcal 및 B.t.u는 온도지정에 따라 다르나 모두 평균치(0~100℃)를 채용했다.

IHP = 746와트(한국·일본) = 745.7와트(영·미) = 735.5와트(프)

1절대주울 = 10^7에르그, 1국제주율 = 1,00032절대주율

壓 力 (압력)

바 르	Kg/cm²	lb/in²	atm. (気圧)	水 銀 柱 (0℃)		水 柱 (4℃)	
				미 터	인 치	미 터	인 치
1	1.01971	14.50	0.9869	0.7501	29.53	10.197	401.52
0.9807	1	14.22	0.9678	0.7356	28.96	10.000	393.72
0.06895	0.07031	1	0.06805	0.05171	2.036	0.7031	27.684
1.0133	1.0332	14.70	1	0.760	29.92	10.33	406.8
1.3332	1.3595	19.34	1.3158	1	39.37	13.60	535.2
0.03386	0.03453	0.4912	0.03342	0.02540	1	0.3453	13.596
0.09806	0.10000	1.422	0.09678	0.07355	2.896	1	39.372
0.00249	0.00254	0.0361	0.00246	0.00187	0.0735	0.0254	1

動　　力(工率) (동력)

HP (佛)	HP (英)	Kw	Kg·m/s	Ft·lb/s	Kcal/s	B.t.u./s
1	0.9859	0.7355	75	542.5	0.1757	0.6973
1.0143	1	0.746	76.07	550.2	0.1782	0.7072
1.3596	1.3405	1	101.97	737.6	0.2389	0.9480
0.01333	0.01315	0.009807	1	7.233	0.002343	0.009297
0.001843	0.001817	0.001356	0.1383	1	0.000324	0.001285
5.691	5.611	4.186	426.9	3087	1	3.968
1.434	1.414	1.055	107.6	778.0	0.2520	1

Kcal, B.t.u.양쪽은 0℃~100℃, 32°~212°F의 평균치를 사용했다.

1절대주율/ 초(absolute joule /sec)를 1와트(watt, W.)로 정한다.

온 도 대 조 표

환산식 ℃= $\frac{5}{9}$ × (℉−32), ℉= ($\frac{9}{5}$ ×℃+32)

사용법 중앙란에 환산할 온도를 구하고, 섭씨를 화씨로 환산하려면 →오른쪽,

화씨를 섭씨로 환산하려면 ←왼쪽의 숫자로 본다.

보기 : 50℃는 122.0℉, 50℉는 10.0℃

°C ⟵ °F	°C ⟶ °F		°C ⟵ °F	°C ⟶ °F		°C ⟵ °F	°C ⟶ °F	
−240	−400	....	−12.2	10	50.0	37.8	100	212.0
−212.2	−350	....	−11.1	12	53.6	38.9	102	215.6
−184.4	−300	....	−10.0	14	57.2	40.0	104	219.2
−156.7	−250	−418	−8.9	16	60.8	41.1	106	222.8
−128.9	−200	−328	−7.8	18	64.4	42.2	108	226.4
−101.1	−150	−238	−6.7	20	68.0	43.3	110	230.0
−73.3	−100	−148.0	−5.6	22	71.6	44.4	112	233.6
−67.8	−90	−130.0	−4.4	24	75.2	45.6	114	237.2
−62.2	−80	−112.0	−3.3	26	78.8	46.7	116	240.8
−56.7	−70	−94.0	−2.2	28	82.4	47.8	118	244.4
−51.1	−60	−76.0	−1.1	30	86.0	48.9	120	248.0
−50.0	−58	−72.4	0.0	32	89.6	50.0	122	251.6
−48.9	−56	−68.8	1.1	34	93.2	51.1	124	255.2
−47.8	−54	−65.2	2.2	36	96.8	52.2	126	258.8
−46.7	−52	−61.6	3.3	38	100.4	53.3	128	262.4
−45.6	−50	−58.0	4.4	40	104.0	54.4	130	266.0
−44.4	−48	−54.4	5.6	42	107.6	55.6	132	269.6
−43.3	−46	−50.8	6.7	44	111.2	56.7	134	273.2
−42.2	−44	−47.2	7.8	46	114.8	57.8	136	276.8
−41.1	−42	−43.6	8.9	48	118.4	58.9	138	280.4
−40.0	−40	−40.0	10.0	50	122.0	60.0	140	284.0
−38.9	−38	−36.4	11.1	52	125.6	61.1	142	287.6
−37.8	−36	−32.8	12.2	54	129.2	62.2	144	291.2
−36.7	−34	−29.2	13.3	56	132.8	63.3	146	294.8
−35.6	−32	−25.6	14.4	58	136.4	64.4	148	298.4
−34.4	−30	−22.0	15.6	60	140.0	65.6	150	302.0
−33.3	−28	−18.4	16.7	62	143.6	66.7	152	305.6
−32.2	−26	−14.8	17.8	64	147.2	67.8	154	309.2
−31.1	−24	−11.2	18.9	66	150.8	68.9	156	312.8
−30.0	−22	−7.6	20.0	68	154.4	70.0	158	316.4
−28.9	−20	−4.0	21.1	70	158.0	71.1	160	320.0
−27.8	−18	−0.4	22.2	72	161.6	72.2	162	323.6
−26.7	−16	3.2	23.3	74	165.2	73.3	164	327.2
−25.6	−14	6.8	24.4	76	168.8	74.4	166	330.8
−24.4	−12	10.4	25.6	78	172.4	75.6	168	334.4
−23.3	−10	14.0	26.7	80	176.0	76.7	170	338.0
−22.2	−8	17.6	27.8	82	179.6	77.8	172	341.6
−21.1	−6	21.2	28.9	84	183.2	78.9	174	345.2
−20.0	−4	24.8	30.0	86	186.8	80.0	176	348.8
−18.9	−2	28.4	31.1	88	190.4	81.1	178	352.4
−17.8	0	32.0	32.2	90	194.0	82.2	180	356.0
−16.7	2	35.6	33.3	92	197.6	83.3	182	359.6
−15.6	4	39.2	34.4	94	201.2	84.4	184	363.2
−14.4	6	42.8	35.6	96	204.8	85.6	186	366.8
−13.3	8	46.4	36.7	98	208.4	86.7	188	370.4

°C ⟵ °F	°C ⟶ °F		°C ⟵ °F	°C ⟶ °F		°C ⟵ °F	°C ⟶ °F	
87.8	190	374.0	148.9	300	572.0	210.0	410	770.0
88.9	192	377.6	150.0	302	575.6	211.1	412	773.6
90.0	194	381.2	151.1	304	579.2	212.2	414	777.2
91.1	196	384.8	152.2	306	582.8	213.3	416	780.8
92.2	198	388.4	153.3	308	586.4	214.4	418	784.4
93.3	200	392.0	154.4	310	590.0	215.6	420	788.0
94.4	202	395.6	155.6	312	593.6	216.7	422	791.6
95.6	204	399.2	156.7	314	597.2	217.8	424	795.2
96.7	206	402.8	157.8	316	600.8	218.9	426	798.8
97.8	208	406.4	158.9	318	604.4	220.0	428	802.4
98.9	210	410.0	160.0	320	608.0	221.1	430	806.0
100.0	212	413.6	161.1	322	611.6	222.2	432	809.6
101.1	214	417.2	162.2	324	615.2	223.3	434	813.2
102.2	216	420.8	163.3	326	618.8	224.4	436	816.8
103.3	218	424.4	164.4	328	622.4	225.6	438	820.4
104.4	220	428.0	165.6	330	626.0	226.7	440	824.0
105.6	222	431.6	166.7	332	629.6	227.8	442	827.6
106.7	224	435.2	167.8	334	633.2	228.9	444	831.2
107.8	226	438.8	168.9	336	636.8	230.0	446	834.8
108.9	228	442.4	170.0	338	640.4	231.1	448	838.4
110.0	230	446.0	171.1	340	644.0	232.2	450	842.0
111.1	232	449.6	172.2	342	647.6	233.3	452	845.6
112.2	234	453.2	173.3	344	651.2	234.4	454	849.2
113.3	236	456.8	174.4	346	654.8	235.6	456	852.8
114.4	238	460.4	175.6	348	658.4	236.7	458	856.4
115.6	240	464.0	176.7	350	662.0	237.8	460	860.0
116.7	242	467.6	177.8	352	665.6	238.9	462	863.6
117.8	244	471.2	178.9	354	669.2	240.0	464	867.2
118.9	246	474.8	180.0	356	672.8	241.1	466	870.8
120.0	248	478.4	181.1	358	676.4	242.2	468	874.4
121.1	250	482.0	182.2	360	680.0	243.3	470	878.0
122.2	252	485.6	183.3	362	683.6	244.4	472	881.6
123.3	254	489.2	184.4	364	687.2	245.6	474	885.2
124.4	256	492.8	185.6	366	690.8	246.7	476	888.8
125.6	258	496.4	186.7	368	694.4	247.8	478	892.4
126.7	260	500.0	187.8	370	698.0	248.9	480	896.0
127.8	262	503.6	188.9	372	701.6	250.0	482	899.6
128.9	264	507.2	190.0	374	705.2	251.1	484	903.2
130.0	266	510.8	191.1	376	708.8	252.2	486	906.8
131.1	268	514.4	192.2	378	712.4	253.3	488	910.4
132.2	270	518.0	193.3	380	716.0	254.4	490	914.0
133.3	272	521.6	194.4	382	719.6	255.6	492	917.6
134.4	274	525.2	195.6	384	723.2	256.7	494	921.2
135.6	276	528.8	196.7	386	726.8	257.8	496	924.8
136.7	278	532.4	197.8	388	730.4	258.9	498	928.4
137.8	280	536.0	198.9	390	734.0	260.0	500	932.0
138.9	282	539.6	200.0	392	737.6	261.1	502	935.6
140.0	284	543.2	201.1	394	741.2	262.2	504	939.2
141.1	286	546.8	202.2	396	744.8	263.3	506	942.8
142.2	288	550.4	203.3	398	748.4	264.4	508	946.4
143.3	290	554.0	204.4	400	752.0	265.6	510	950.0
144.4	292	557.6	205.6	402	755.6	266.7	512	953.6
145.6	294	561.2	206.7	404	759.2	267.8	514	957.2
146.7	296	564.8	207.8	406	762.8	288.9	516	960.8
147.8	298	568.4	208.9	408	766.4	270.0	518	964.4

°C ←— °F			°C ←— °F			°C ←— °F		
	°C —→ °F			°C —→ °F			°C —→ °F	
271.1	520	968.0	332.2	630	1166.0	393.3	740	1364.0
272.2	522	971.6	333.3	632	1169.6	394.4	742	1367.6
273.3	524	975.2	334.4	634	1173.2	395.6	744	1371.2
274.4	526	978.8	335.6	636	1176.8	396.7	746	1374.8
275.6	528	982.4	336.7	638	1180.4	397.8	748	1378.4
276.7	530	986.0	337.8	640	1184.0	398.9	750	1382.0
277.8	532	989.6	338.9	642	1187.6	400.0	752	1385.6
278.9	534	993.2	340.0	644	1191.2	401.1	754	1389.2
280.0	536	996.8	341.1	646	1194.8	402.2	756	1392.8
281.1	538	1000.4	342.2	648	1198.4	403.3	758	1396.4
282.2	540	1004.0	343.3	650	1202.0	404.4	760	1400.0
283.3	542	1007.6	344.4	652	1205.6	405.6	762	1403.6
284.4	544	1011.2	345.6	654	1209.2	406.7	764	1407.2
285.6	546	1014.8	346.7	656	1212.8	407.8	766	1410.8
286.7	548	1018.4	347.8	658	1216.4	408.9	768	1414.4
287.8	550	1022.0	348.9	660	1220.0	410.0	770	1418.0
288.9	552	1025.6	350.0	662	1223.6	411.1	772	1421.6
290.0	554	1029.2	351.1	664	1227.2	412.2	774	1425.2
291.1	556	1032.8	352.2	666	1230.8	413.3	776	1428.8
292.2	558	1036.4	353.3	668	1234.4	414.4	778	1432.4
293.3	560	1040.0	354.4	670	1238.0	415.6	780	1436.0
294.4	562	1043.6	355.6	672	1241.6	416.7	782	1439.6
295.6	564	1047.2	356.7	674	1245.2	417.8	784	1443.2
296.7	566	1050.8	357.8	676	1248.8	418.9	786	1446.8
297.8	568	1054.4	358.9	678	1252.4	420.0	788	1450.4
298.9	570	1058.0	360.0	680	1256.0	421.1	790	1454.0
300.0	572	1061.6	361.1	682	1259.6	422.2	792	1457.6
301.1	574	1065.2	362.2	684	1263.2	423.3	794	1461.2
302.2	576	1068.8	363.3	686	1266.8	424.4	796	1464.8
303.3	578	1072.4	364.4	688	1270.4	425.6	798	1468.4
304.4	580	1076.0	365.6	690	1274.0	426.7	800	1472.0
305.6	582	1079.6	366.7	692	1277.6	427.8	802	1475.6
306.7	584	1083.2	367.8	694	1281.2	428.9	804	1479.2
307.8	586	1086.8	368.9	696	1284.8	430.0	806	1482.8
308.9	588	1090.4	370.0	698	1288.4	431.1	808	1486.4
310.0	590	1094.0	371.1	700	1292.0	432.2	810	1490.0
311.1	592	1097.6	372.2	702	1295.6	433.3	812	1493.6
312.2	594	1101.2	373.3	704	1299.2	434.4	814	1497.2
313.3	596	1104.8	374.4	706	1302.8	435.6	816	1500.8
314.4	598	1108.4	375.6	708	1306.4	436.7	818	1504.4
315.6	600	1112.0	376.7	710	1310.0	437.8	820	1508.0
316.7	602	1115.6	377.8	712	1313.6	438.9	822	1511.6
317.8	604	1119.2	378.9	714	1317.2	440.0	824	1515.2
318.9	606	1122.8	380.0	716	1320.8	441.1	826	1518.8
320.0	608	1126.4	381.1	718	1324.4	442.2	828	1522.4
321.1	610	1130.0	382.2	720	1328.0	443.3	830	1526.0
322.2	612	1133.6	383.3	722	1331.6	444.4	832	1529.6
323.3	614	1137.2	384.4	724	1335.2	445.6	834	1533.2
324.4	616	1140.8	385.6	726	1338.8	446.7	836	1536.8
325.6	618	1144.4	386.7	728	1342.4	447.8	838	1540.4
326.7	620	1148.0	387.8	730	1346.0	448.9	840	1544.0
327.8	622	1151.6	388.9	732	1349.6	450.0	842	1547.6
328.9	624	1155.2	390.0	734	1353.2	451.1	844	1551.2
330.0	626	1158.8	391.1	736	1356.8	452.2	846	1554.8
331.1	628	1162.4	392.2	738	1360.4	453.3	848	1558.4

°C←°F		°C→°F	°C←°F		°C→°F	°C←°F		°C→°F
454.4	850	1562.0	515.6	960	1760.0	732.2	1350	2462.0
455.6	852	1565.6	516.7	962	1763.6	737.8	1360	2480.0
456.7	854	1569.2	517.8	964	1767.2	743.3	1370	2498.0
457.8	856	1572.8	518.9	966	1770.8	748.9	1380	2516.0
458.9	858	1576.4	520.0	968	1774.4	754.4	1390	2534.0
460.0	860	1580.0	521.1	970	1778.0	760.0	1400	2552.0
461.1	862	1583.6	522.2	972	1781.6	765.6	1410	2570.0
462.2	864	1587.2	523.3	974	1785.2	771.1	1420	2588.0
463.3	866	1590.8	524.4	976	1788.8	776.7	1430	2606.0
464.4	868	1594.4	525.6	978	1792.4	782.2	1440	2624.0
465.6	870	1598.0	526.7	980	1796.0	787.8	1450	2642.0
466.7	872	1601.6	527.8	982	1799.6	793.3	1460	2660.0
467.8	874	1605.2	528.9	984	1803.2	798.9	1470	2678.0
468.9	876	1608.8	530.0	986	1806.8	804.4	1480	2696.0
470.0	878	1612.4	531.1	988	1810.4	810.0	1490	2714.0
471.1	880	1616.0	532.2	990	1814.0	816	1500	2732
472.2	882	1619.6	533.3	992	1817.6	821	1510	2750
473.3	884	1623.2	534.4	994	1821.2	827	1520	2768
474.4	886	1626.8	535.6	996	1824.8	832	1530	2786
475.6	888	1630.4	536.7	998	1828.4	838	1540	2804
476.7	890	1634.0	537.8	1000	1832.0	843	1550	2822
477.8	892	1637.6	543.3	1010	1850.0	849	1560	2840
478.9	894	1641.2	548.9	1020	1868.0	854	1570	2858
480.0	896	1644.8	554.4	1030	1886.0	860	1580	2876
481.1	898	1648.4	560.0	1040	1904.0	866	1590	2894
482.2	900	1652.0	565.6	1050	1922.0	871	1600	2912
483.3	902	1655.6	571.1	1060	1940.0	882	1620	2948
484.4	904	1659.2	576.7	1070	1958.0	893	1640	2984
485.6	906	1662.8	582.2	1080	1976.0	904	1660	3020
486.7	908	1666.4	587.8	1090	1994.0	916	1680	3056
487.8	910	1670.0	593.3	1100	2012.0	927	1700	3092
488.9	912	1673.6	598.9	1110	2030.0	938	1720	3128
490.0	914	1677.2	604.4	1120	2048.0	949	1740	3164
491.1	916	1680.8	610.0	1130	2066.0	960	1760	3200
492.2	918	1684.4	615.6	1140	2084.0	971	1780	3236
493.3	920	1688.0	621.1	1150	2102.0	982	1800	3272
494.4	922	1691.6	626.7	1160	2120.0	993	1820	3308
495.6	924	1695.2	632.2	1170	2138.0	1004	1840	3344
496.7	926	1698.8	637.8	1180	2156.0	1016	1860	3380
497.8	928	1702.4	643.3	1190	2174.0	1027	1880	3416
498.9	930	1706.0	648.9	1200	2192.0	1038	1900	3452
500.0	932	1709.6	654.4	1210	2210.0	1049	1920	3488
501.1	934	1713.2	660.0	1220	2228.0	1060	1940	3524
502.2	936	1716.8	665.6	1230	2246.0	1071	1960	3560
503.3	938	1720.4	671.1	1240	2264.0	1082	1980	3596
504.4	940	1724.0	676.7	1250	2282.0	1093	2000	3632
505.6	942	1727.6	682.2	1260	2300.0	1149	2100	3812
506.7	944	1731.2	687.8	1270	2318.0	1177	2150	3902
507.8	946	1734.8	693.3	1280	2336.0	1204	2200	3992
508.9	948	1738.4	698.9	1290	2354.0	1232	2250	4082
510.0	950	1742.0	704.4	1300	2372.0	1260	2300	4172
511.1	952	1745.6	710.0	1310	2390.0	1288	2350	4262
512.2	954	1749.2	715.6	1320	2408.0	1316	2400	4352
513.3	956	1752.8	721.1	1330	2426.0	1343	2450	4442
514.4	958	1756.4	726.7	1340	2444.0	1371	2500	4532

6. 한글 영문 표기

한 글 로마자	가 ga	갸 gya	거 geo	겨 gyeo	고 go	교 gyo	구 gu	규 gyu	그 geu	기 gi
한 글 로마자	나 na	냐 nya	너 neo	녀 nyeo	노 no	뇨 nyo	누 nu	뉴 nyu	느 neu	니 ni
한 글 로마자	다 da	댜 dya	더 deo	뎌 dyeo	도 do	됴 dyo	두 du	듀 dyu	드 deu	디 di
한 글 로마자	라 ra	랴 rya	러 reo	려 ryeo	로 ro	료 ryo	루 ru	류 ryu	르 reu	리 ri
한 글 로마자	마 ma	먀 mya	머 meo	며 myeo	모 mo	묘 myo	무 mu	뮤 myu	므 meu	미 mi
한 글 로마자	바 ba	뱌 bya	버 beo	벼 byeo	보 bo	뵤 byo	부 bu	뷰 byu	브 beu	비 bi
한 글 로마자	사 sa	샤 sya	서 seo	셔 syeo	소 so	쇼 syo	수 su	슈 syu	스 seu	시 si
한 글 로마자	아 a	야 ya	어 eo	여 yeo	오 o	요 yo	우 u	유 yu	으 eu	이 i
한 글 로마자	자 ja	쟈 jya	저 jeo	져 jyeo	조 jo	죠 jyo	주 ju	쥬 jyu	즈 jeu	지 ji
한 글 로마자	차 cha	챠 chya	처 cheo	쳐 chyeo	초 cho	쵸 chyo	추 chu	츄 chyu	츠 cheu	치 chi
한 글 로마자	카 ka	캬 kya	커 keo	켜 kyeo	코 ko	쿄 kyo	쿠 ku	큐 kyu	크 keu	키 ki
한 글 로마자	타 ta	탸 tya	터 teo	텨 tyeo	토 to	툐 tyo	투 tu	튜 tyu	트 teu	티 ti
한 글 로마자	파 pa	퍄 pya	퍼 peo	펴 pyeo	포 po	표 pyo	푸 pu	퓨 pyu	프 peu	피 pi
한 글 로마자	하 ha	햐 hya	허 heo	혀 hyeo	호 ho	효 hyo	후 hu	휴 hyu	흐 heu	히 hi

7. 영문 발음 기호 표기

모 음

기 호		보 기	
단 모 음			
i:	이:	see	[si: 씨:]
i	이	city	[siti 씨티]
e	에	pencil	[pensl 펜슬]
æ	애	hat	[hæt 햇]
ɑ:	아:	calm	[kɑ:m 캄:]
ɑ	아	box	[bάks 박스]
ɔ:	오:	call	[kɔ:l 콜:]
ɔ	오	dog	[dɔg 도그]
u:	우:	too	[tu: 투:]
u	우	full	[ful 풀]
ʌ	어	hug	[hʌg 허그]
ə	어	about	[əbaut 어바웃]
ɑ:r	아:	car	[kɑ:r 카:]
ɔ:r	오:	form	[fɔ:rm 폼:]
중 모 음			
ei	에이	hey	[hei 헤이]
ou	오우	rope	[roup 로프]
ai	아이	hi	[hai 하이]
au	아우	now	[nau 나우]
ɔi	오이	boy	[bɔi 보이]
ɛər	에어	hair	[hɛər 헤어]
iər	이어	near	[niər 니어]
uər	우어	hour	[auər 아우어]

자 음

기 호		보 기	
p	ㅍ	pine	[pain 파인]
b	ㅂ	belt	[belt 벨트]
t	ㅌ	tie	[tai 타이]
d	ㄷ	desk	[desk 데스크]
k	ㅋ	kill	[kil 킬]
g	ㄱ	get	[get 겟]
m	ㅁ	mom	[mam 맘]
n	ㄴ	nice	[nais 나이스]
ŋ	ㅇ	sing	[siŋ 씽]
l	ㄹ	lake	[leik 레이크]
r	ㄹ	ring	[riŋ 링]
f	ㅍ	food	[fu:d 푸:드]
v	ㅂ	vase	[veis 베이스]
θ	ㅆ	thin	[θin 씬]
ð	ㄷ	them	[ðem 뎀]
s	ㅅ	spy	[spai 스파이]
z	ㅈ	zoo	[zu: 주:]
ʃ	쉬	push	[puʃ 푸쉬]
ʒ	지	vision	[viʒən 비전]
h	ㅎ	home	[houm 호움]
w	우	wool	[wul 울]
j	이	young	[jʌŋ 영]
tʃ	취	choice	[tʃɔis 초이스]
dʒ	쥐	orange	[ɔ:rindʒ 오:린쥐]

8. 영어 알파벳 통신 용어

알파벳	통신 용어
A	알파(alpa)
B	브라보(bravo)
C	찰리(charlie)
D	델타(delta)
E	에코(echo)
F	폭스트롯(foxtrot)
G	골프(golf)
H	호텔(hotel)
I	인디아(india)
J	줄리엣(juliett)
K	킬로(kilo)
L	리마(lima)
M	마이크(mike)
N	노벰버(november)
O	오스카(oscar)
P	파파(papa)
Q	퀘백(quebec)
R	로미오(romeo)
S	씨에라(sierra)
T	탱고(tango)
U	유니폼(uniform)
V	빅터(victor)
W	위스키(whiskey)
X	엑스레이(x-ray)
Y	양키(yangkee)
Z	줄루(zulu)

9. 뷰포트 풍력계급 Beaufort scale of wind

풍력계급	명 칭	해 면 상 대	풍 속 (knot)	풍 속 (m/sec)	참 고 (m)
0	고요(평온) Calm	해면은 거울과 같다.	〈1	0~ 0.2	
1	실바람(지경풍) Light air	해면에 고기비늘과 같은 소파가 있으나 거품은 생기지 않는다.	1~3	0.3~ 1.5	0.1 (0.1)
2	남실바람(경풍) Light breeze	해면에 소파를 뚜렷이 볼 수 있으나 파두는 평활하다.	4~6	1.6~ 3.3	0.2 (0.3)
3	산들바람(연풍) Gentle breeze	해면에 소파가 커지고 파두가 부서지며 거품이 일고 곳곳이 백파가 나타난다.	7~10	3.4~ 5.4	0.6 (1)
4	건들바람(화풍) Moderate breeze	파는 낮으나 파장은 길어지고 백파가 상당히 증가한다.	11~16	5.5~ 7.9	1 (1.5)
5	흔들바람(질풍) Fresh breeze	중 정도의 파가 더욱 뚜렷해지고 파장이 길어지며 백파가 많이 나타난다.	17~21	8.0~ 10.7	2 (2.5)
6	된바람(웅풍) Strong breeze	파가 차차 커지기 시작하고 백파가 전면에 일어난다.	22~ 27	10.8~ 13.8	3 (4)

7	센바람(강풍) Moderate gale	파도는 점점 커지고 파두가 부서져 생긴 흰 거품은 풍하로 열지어 흘러간다.	28~ 33	13.9~ 17.1	4 (5.5)
8	큰바람(질강풍) Fresh gale	대파의 약간 작은 것이 파장이 길어지고 파두는 부서져 물결이 바람에 날린다.	34~ 40	17.2~ 20.7	5.5 (7.5)
9	큰센바람 (대강풍) Strong gale	대파·짙은 물거품이 풍하고 흘려지며 파두가 말리고 부서져 물보라로 시정이 악화된다.	41~ 47	20.8~ 24.4	7 (10)
10	노대바람 (전강풍) Whole gale	파도는 굉장히 높아지며 백색의 물거품은 큰 덩어리를 이루고 해면은 전체가 희게 보여 시정이 극히 불량하다.	48~ 55	24.5~ 28.4	9 (12.5)
11	왕바람(폭풍) Storm	산 같은 대파·중소선박은 파곡에 들어가면 일시 안보일 때도 있다. 해면은 물거품으로 덮이고 시정은 더욱 악화된다.	56~ 63	28.5~ 32.6	9 (12.5)
12	싹슬바람(태풍) Hurricane	해상은 물거품과 물보라로 덮이고 해면은 물보라 때문에 시정은 악화된다.	64~ 71	32.7~ 36.9	11.5 (16)

10. 구름의 종류

종	류	국 제 명	기호	고 도
상층운	1. 권운(털구름) 2. 권적운(털쌘구름) 3. 권층운(털층구름)	Cirrus Cirrocumulus Cirrostratus	Ci Cc Cs	5~13km
중층운	4. 고적운(높쌘구름) 5. 고층운(높층구름)	Altocumulus Altostratus	Ac As	2~7km
하층운	6. 층적운(층쌘구름) 7. 층운(층구름) 8. 난층운(비층구름)	Stratocumulus Stratus Nimbostratus	Sc St Ns	2km이하
수직운	9. 적운(쌘구름) 10. 적란운 (쌘비구름)	Cumulus Cumulonimbus	Cu Cb	평균상면 : Ci고도 평균하면 : 500m

11. 천기 약기호

약기호	천 기	설 명
b	맑음	Blue sky, 운량 0~2
bc	갬	Blue sky with detached clouds, 운량 3~7
c	흐림	Cloudy(상층운), 운량 8~10
d	이슬비	Drizzling rain
e	습윤	Wet without rain
f	안개	Fog
g	음울	Gloomy
h	우박	Hail
l	번개	Lightening
m	실안개	Mist
o	흐림	Overcast sky(중·하층운), 운량 8~10
p	소나기	Passing shower
q	스코올	Squall
r	비	Rain
s	눈	Snow
t	우뢰	Thunder
u	천기험악	Ugly weather
v	천기투명	Unusual visibility
w	이슬	Dew
z	연무	Haze

12. 풍랑계급 Wave scale

풍 랑	
계급	설 명
0	Calm (glassy)
1	Calm (rippled)
2	Smoth (wavelets)
3	Slight
4	Moderate
5	Rough
6	Very rough
7	High
8	Very high
9	Phenomenal

13. 너울계급 Swell scale

너 울	
계급	설 명
0	No swell
1	Low swell, short or average length
2	Low swell, long
3	Moderate swell, short
4	Moderate swell, average length
5	Moderate swell, long
6	Heavy swell, short
7	Heavy swell, average length
8	Heavy swell, long
9	Confused swell

14. 숫자 영문 표기

(1) 기 수(基數)

한국어	英 語	한국어	英 語
0	naught, zero 노트 제로	15	fifteen 피프틴
1	one 원	16	sixteen 식스틴
2	two 투	17	seventeen 세븐틴
3	three 쓰리	18	eighteen 에잇틴
4	four 포	19	nineteen 나인틴
5	five 파이브	20	twenty 투웬티
6	six 식스	21	twenty-one 투웬티 원
7	seven 세븐	22	twenty-two 투웬티 투
8	eight 에이트	23	twenty-three 투웬티 쓰리
9	nine 나인	24	twenty-four 투웬티 포
10	ten 텐	25	twenty-five 투웬티 파이브
11	eleven 일레븐	26	twenty-six 투웬티 식스
12	twelve 트웰브	27	twenty-seven 투웬티 세븐
13	thirteen 서틴	28	twenty-eight 투웬티 에이트
14	fourteen 포틴	29	twenty-nine 투웬티 나인

한국어	英 語	한국어	英 語
30	thirty 서티	80	eighty 에잇티
31	thirty-one 서티 원	81	eighty-one 에잇티 원
32	thirty-two 서티 투	82	eighty-two 에잇티 투
33	thirty-three 서티 쓰리	90	ninety 나인티
40	forty 포티	91	ninety-one 나인티 원
41	forty-one 포티 원	92	ninety-two 나인티 투
42	forty-two 포티 투	100	one hundred 원 헌드레드
50	fifty 피프티	101	one hundred and one 원 헌드레드 앤드 원
51	fifty-one 피프티 원	102	one hundred and two 원 헌드레드 앤드 투
52	fifty-two 피프티 투	110	one hundred and ten 원 헌드레드 앤드 텐
60	sixty 식스티	111	one hundred and eleven 원 헌드레드 앤드 일레븐
61	sixty-one 식스티 원	112	one hundred and twelve 원 헌드레드 앤드 투웰브
62	sixty-two 식스티 투	120	one hundred and twenty 원 헌드레드 앤드 트웬티
70	seventy 세븐티	121	one hundred and twenty-one 원 헌드레드 앤드 트웬티 원
71	seventy-one 세븐티 원	200	two hundred 투 헌드레드
72	seventy-two 세븐티 투	201	two hundred and one 투 헌드레드 앤드 원

한국어	英　語	한국어	英　語
300	three hundred 쓰리 헌드레드	6,000	six thousand 식스 싸우전드
301	three hundred and one 쓰리 헌드레드 앤드 원	7,000	seven thousand 세븐 싸우전드
400	four hundred 포 헌드레드	8,000	eight thousand 에이트 싸우전드
500	five hundred 파이브 헌드레드	9,000	nine thousand 나인 싸우전드
600	six hundred 식스 헌드레드	10,000	ten thousand 텐 싸우전드
700	seven hundred 세븐 헌드레드	100,000	one hundred thousand 원 헌드레드 싸우전드
800	eight hundred 에이트 헌드레드	1,000,000	one million 원 밀리언
900	nine hundred 나인 헌드레드	2,000,000	two million 투 밀리언
1,000	one thousand 원 싸우전드		
1,100	one thousand one hundred 원 싸우전드 원 헌드레드		
1,110	one thousand one hundred and ten 원 싸우전드 원 헌드레드 앤드 텐		
1,111	one thousand one hundred and eleven 원 싸우전드 원 헌드레드 앤드 일레븐		
2,000	two thousand 투 싸우전드		
3,000	three thousand 드리 싸우전드		
4,000	four thousand 포어 싸우전드		
5,000	five thousand 파이브 싸우전드		

(2) 서 수(序 數)

1°	first, 1st 퍼스트	16°	sixteenth, 16th 식스틴스
2°	second, 2nd 세컨드	17°	seventeenth, 17th 세븐틴스
3°	third, 3rd 써드	18°	eighteenth, 18th 에이틴스
4°	fourth, 4th 포스	19°	nineteenth, 19th 나인틴스
5°	fifth, 5th 피프스	20°	twentieth, 20th 투웬티이스
6°	sixth, 6th 식스스	21°	twenty-first, 21st 투웬티 퍼스트
7°	seventh, 7th 세븐스	22°	twenty-second, 22nd 투웬티 세컨드
8°	eighth, 8th 에이트스	30°	thirtieth, 30th 써티스
9°	ninth, 9th 나인스	31°	thirty-first, 31st 써티 퍼스트
10°	tenth, 10th 텐스	40°	fortieth, 40th 포티스
11°	eleventh, 11th 일레븐스	50°	fiftieth, 50th 피프티스
12°	twelfth, 12th 투웰프스	60°	sixtieth, 60th 식스티스
13°	thirteenth, 13th 써틴스	70°	seventieth, 70th 세븐티스
14°	fourteenth, 14th 포틴스	80°	eightieth, 80th 에이티스
15°	fifteenth, 15th 피프틴스	90°	ninetieth, 90th 나인티스
		100°	one hundredth, 100th 원 헌드레드스

200° two hundredth, 200th
투 헌드레드스

1,000° one thousandth, 1,000th
원 싸우전드

1,000,000° one millionth
원 밀리언스

(3) 분 수(分數)

$\frac{1}{2}$ a half
어 하프

$\frac{1}{3}$ one third, a third part
원 써드, 어 써드 파트

$\frac{2}{3}$ two-thirds
투 써드스

$\frac{1}{4}$ a quarter, one fourth, a fourth part
어 쿼터, 원 포스, 어 포스 파트

$\frac{3}{4}$ three-quarters, three fourth
쓰리 쿼터스, 쓰리 포스

$\frac{1}{5}$ one fifth, a fifth part
원 피프스, 어 피프스 파트

$\frac{3}{5}$ three-fifth
쓰리 피프스

$\frac{5}{8}$ five-eighth
파이브 에이트스

$\frac{1}{11}$ one eleventh, a eleventh part
원 일레븐스, 어 일레븐스 파트

$\frac{1}{12}$ one twelfth, a twelfth part
원 트웰프스, 어 트웰프스 파아트

$\frac{1}{15}$ one fifteenth, a fifteenth part
원 피프틴스, 어 피프틴스 파트

$\frac{1}{20}$ one twentieth, a twentieth part
원 트웬티스, 어 트웬티스 파트

15. 주요 해산물명 한 · 영 · 일 대조표

한 국	영 미 국	일 본
가오리	Ray	Ei
감섬돔	Black sea bream	Kuro-dai
강달이	Kangdolin	Mebuto-kandari
게	Crab	Kani
고등어	Mackerel	Saba
곱상어	Dog fish	Abura-zame
꽁치	Mackerel pike	Sanma
굴	Oyster	Kaki
날치	Flying fish	Tobi-uo
넙치	Bastard	Hirame
농어	Common sea bass	Suzuki
눈볼대	Red fish	Aka-mutsu
대구	Cod	Tara
도다리	Sole	Meita-garei

도루묵	Sand fish	Hata-hata
만새기	Dolphin	Shiira
매퉁이	Lizard fish	Ma-eso
멸치	Anchovy	Katakuch-iwash
명태	Alaska pollack	Suketo-tara
문어	Octopus	Tako
민어	Croaker	Hon-nibe
방어	Yellow tail	Buri
뱀장어	Eel	Unagi
뱅어	Whiting	Shira-uo
베도라치	Gouneles	Ginpo
병어	Pomfret	Mana-gatsuo
보구치	White corvenia	Shiro-guchi
복어	Puffer	Hugu
볼락	Rock fish	Me-baru
부시리	Hirasu	Jack
붕장어	Sea eel, Conger eel	Ma-anago
삼치	Spanish mackerel	Sawara
상어	Shark	Huka, Same
성대	Gurnard	Ho-bo
소라	Top shell	Sazae
송어	Trout	Masu
숭어	Grey mullet	Bora
양미리	Sand lance	Shiwa-ikanageo
양태	Flat head	Ma-gochi
연어	Salmon	Sake
오징어	Squid	Ika
전갱이	Horse mackerel	Ma-aji
전어	Hickory shad	Konoshiro

정어리	Sardine	Iwashi
참가재미	Flounder	Ma-garei
참돔	Porgy, Snapper	Ma-dai
참서대	Sole	Aka-shita-birame
참조기	Yellow corvenia	Kin-guchi
청어	Herring	Nishin
칼치	Hair-tail	Tachi-uo
학꽁치	Half beak	Sayori
해삼	Sea cucumber	Namako
홍어	Skate ray	Gangi-ei

16. 항해일지 예시

국내선용 항해일지(좌) 항해일지(우)

주로 사용하는 항해일지 본란

제 .... 차 항 년 월 일 시 (요일)

VESSEL NAME .... Voyage No .... Date .... 20 ....

당직 Watch	총계거리 Total Miles	시간 Hours	거리 Miles	침로 Course					바람 Winds		파도 Sea		천후 Weather	시정 Vis.	기압 Baro.	온도 Temperature		주기회전 Engine R.P.M.	비고란 Remarks
				진침로 True Course	편차 Var.	자이로 Gyro.	나침로 Mag.	자차 Dev.	방향 Dir.	력 Force	방향 Dir.	상태 State				대기 Air	해수 Sea		
		1																	
		2																	
		3																	
		4																	
		5																	
		6																	
		7																	
		8																	
		9																	
		10																	
		11																	
		12																	
		13																	묘박위치 Anchor Position
		14																	
		15																	
		16																	
		17																	잔유량 Remained
		18																	연료 Oil: Fuel Oil / Diesel Oil
		19																	음료수 Drinking Water
		20																	관수 Boiler Water
		21																	일일소비량 Daily Consumption
		22																	연료 Oil: Fuel Oil / Diesel Oil
		23																	음료수 D.Water
		24 M.N																	관수 B.Water

정오위치 Noon position		
	위도 Latitude	경도 Longitude
실측 Obs.		
추측 D.R.		
항해시간 Hours Underway		
항진시간 Hours Propelling		
실측거리 True Dist. Run		
평균속력 Av. Speed		
추측거리 D.Run By Log		
평균속력 Av. Speed By Log		
조석해류 Tide & Current: 방향 Set		
조석해류 Tide & Current: 류정 Drift		

측정 Sounding of Tanks & Bilges															
Ballast Tank			F.P.	Deep	F.W.	Eng.	A.P	Daily F.W.	1	2	3	4	5	6	7
	오전 A.M	P													
		S													
	오후 P.M	P													
		S													
Bilge			1	2	3	4	5	6	7						
	오전 A.M	P													
		S													
	오후 P.M	P													
		S													

이항간의 합계 Total From to	
항해시간 Hours Underway	
항진시간 Hours Propelling	
실측거리 True Dist. Run	
평균속력 Av. Speed	
추측거리 D.Run By Log	
평균속력 Av. Speed By Log	
연료소비량 Oil Consumed	
음료수소비량 D.Water Consumed	
관수소비량 B.Water Consumed	
흘수 Draft	
선수 F	
중앙 M	
선미 A	

해광
출판
해기

최신 영문 항해 일지

각종 서식·통신문 기입법

2013년 1월 15일 2쇄 발행 정가 27,000원
2024년 5월 15일 3쇄 발행

저 자 해광도서편찬회
편 집 이지희 송영미 ⓣ
발 행 인 조 준 형 http://www.hgbookpub.com
발 행 처 해광출판사 E-mail : munbookcokr@naver.com
주 소 부산광역시 중구 해관로 41-1 (중앙동2가)
전화번호 (051) 253-0001 팩스 (051) 245-1187
등 록 제 2012-000005호

해광출판사에서는 여러분의 소중한 원고와 함께 할 기회를 기다리고 있습니다. 책으로 엮을 원고나 아이디어가 있으신 분들은 이메일 munbookcokr@naver.com로 책에 대한 간단한 개요와 원고 전체 또는 일부를 연락처와 함께 보내주십시오.

ISBN 979-89-969435-1-8

전국 최고의 해양도서매장 · 지도센터

총 판 · 문우당서점

SINCE 1955

부산광역시 중구 해관로 41-1 (중앙동2가)
지하철1호선 중앙역 5번출구 30미터
대표전화 051) 241-5555 팩스 051) 245-1178
인터넷 서점 www.munbook.com

60년 전통의 자부심과 해사도서 출판의 노하우!

해광출판사의 해사도서

선박 기관 용어사전

조선 용어사전

해양수산 용어사전

영문기관일지
기입법 및 실무기관영어

영문 항해 일지
각종 서식 기입법

액체 화물 용적 중량 계산표
<석유·케미칼·액화가스>

해사영어
항해일지 통신문

수산자원학

수산일반 - 이론과 문제

선망어구·어법

해광 | 전화 051) 253-0001 / 팩스 051) 245-1187
| http://www.hgbookpub.com / 이메일 munbookcokr@naver.com

도서구매 · 총판 : 문우당서점 전화 | 051) 241-5555 / 팩스 051) 245-1187 / http://www.munbook.com

60년 전통의 자부심과 해사도서 출판의 노하우!

해기사 시험 시리즈 : 기관사

해기사 시험 시리즈 : 항해사

해광 | 전화 051) 253-0001 / 팩스 051) 245-1187
| http://www.hgbookpub.com / 이메일 munbookcokr@naver.com

도서구매 · 총판 : 문우당서점 전화 | 051) 241-5555 / 팩스 051) 245-1187
www.munbook.com

60년 전통의 자부심과 해사도서 출판의 노하우!

해광출판사의 해사도서

선박명칭도 및 크루즈선 | 선박내연기관 명칭도 | 알기쉬운 선박 전기 전자 | 결삭법 : 매듭법

해사 사이버 보안의 이해 | 레이더항법과 알파 | 항해계기 | 지문항해학

해사실무 영어회화 | IMO 표준해사통신영어 | 표준항해영어 | 선박검사론

해광 | 전화 051) 253-0001 / 팩스 051) 245-1187
| http://www.hgbookpub.com / 이메일 munbookcokr@naver.com

도서구매 · 총판 : 문우당서점 전화 | 051) 241-5555 / 팩스 051) 245-1187 / http://www.munbook.com

60년 전통의 자부심과 해사도서 출판의 노하우!
해광출판사의 해사도서

60년 전통의 자부심 해광출판

한권으로 정리하고 한권으로 풀어보기 해양경찰 시리즈

해양경찰 항해술
객관식 문제집 (기출문제 포함)

해양경찰 선박일반
기출 문제집

해양경찰 기관술
객관식 문제집 (핵심이론 포함)

해양경찰 해사법규
객관식 문제집(기출문제 포함)

해사안전실무

해양경비론

해양경찰 정보·외사·보안론

해양안전론

해양경찰학 개론

해광 | 전화 051) 253-0001 / 팩스 051) 245-1187
| http://www.hgbookpub.com / 이메일 munbookcokr@naver.com

도서구매 · 총판 : 문우당서점 전화 | 051) 241-5555 / 팩스 051) 245-1187 / http://www.munbook.com

ver 124.03

해사도서전문 해광출판사 해문출판사 도서안내

＊해기사시험 문제집 및 수험서

- 1급 2급 항해사 - 이론과 문제 Ⅰ·Ⅱ
- 3급 항해사 - 이론과 문제
- 3급 항해사 상선전문 - 이론과 문제
- 4급 5급 항해사 - 이론과 문제
- 6급 항해사 - 이론과 문제
- 1급·2급기관사 - 이론과 문제 Ⅰ·Ⅱ
- 3급 기관사 - 이론과 문제
- 4급·5급 기관사 - 이론과 문제
- 6급 기관사 - 이론과 문제
- 선박기관사 면접시험 - 이론과 문제
- 선박항해사 면접시험 - 이론과 문제
- 수산일반 - 이론과 문제
- 소형선박조종사 - 이론과 문제

＊해양경찰 수험서

- 해양경찰 기관술 객관식 문제집(이론포함)
- 해양경찰 선박일반 기출문제집(객관식 문제)
- 해양경찰 항해술 객관식 문제집(기출문제포함)
- 해양경찰 해사법규 객관식 문제집 (기출문제포함)

＊선박용 명칭도

- 선박내연기관 명칭도(박용내연기관 명칭도)
- 선박명칭도 및 크루즈선

＊교재 및 참고 서적

- 결삭법(구 결색법)
- 다랑어 선망 (개정판)
- 다이나믹 포지셔닝 시스템 운용개론
- 도설 선박공학
- 레이더항법과 알파
- 상선의 정석
- 선망어구·어법
- 선박검사론
- 선박 운항 정보론
- 선박 운항 해사개론
- 선박자동화-기초편
- 선박 텔렉스 전보의 실무
- 선상 해사한국어
- 소형선 설계도집
- 수산자원학
- 알기 쉬운 선박전기전자
- 액체화물 용적중량 계산표
- 영문항해일지 기입법
- 영문기관일지 기입법 및 실무기관영어
- 오일탱커
- 지문항해학 (박계각·금종수·홍태호 편저)
- 항해계기
- 해사법규 - 해사관계법령집
- 해사사이버보안의 이해
- 해사실무영어회화
- 해사안전실무 - 해사안전관리법령 및 워터제트
- 해사영어 항해일지 통신문
- 해상무선통신과 GMDSS
- 해양경비론
- 해양경찰 정보·외사·보안론
- 해양경찰학개론
- 해양안전론
- 해운경영학
- IMO 표준항해영어 - 용어·회화·해상통신법
- IMO 표준해사통신영어
- Student Coursebook
- 기관승선실습 훈련기록부
- 어선항해실습용 훈련기록부
- 전자기관사훈련기록부

＊사전 및 용어집

- 선박기관용어사전(영한 · 한영)
- 조선용어사전(영한 · 한영)
- 통신사업무 영어사전
- 해양 수산 용어사전

＊기록부

- 기관일지·항해일지
- 선박평형수기록부
- 선원명부
- 승무원명부

문우당서점 해사도서 총판 도서안내

＊총판 도서

- 국제해상충돌예방규칙 및 관련된 국내법규해설
- 내연기관 강의
- 선박기관실무(1~6)
- 선박 시퀀스제어
- 선박운용
- 선박적화
- 선박전기 (상)(하)
- 선박조종의 이론과 실무
- 선체구조정비론
- 수산학개론
- 시퀀스제어회로(선박실무해설)
- 전파항해
- 조선 공학
- 지문항해
- 천문항해
- 천해양식
- 초급 기관사를 위한 선박배관도 해설집
- 항로표지 기사 산업기사
- 항로표지론
- 항해사를 위한 ECDIS
- 항해실무영어
- 해사법규
- 해사영어통신문
- 해상기상학
- 해양기상예보최적항로론
- 해운실무
- 현대 전자항법
- vlcc조종의 이론과 실무
- MDSS의 이해와 운용실무
- 선체구조학
- 조선 해양공학 개론
- 항해실습(1~5)
- 해설 조선지식입문
- 해양 플랜트 공학
- 해사고 수산고 교과서
- ISSA선용품 카탈로그
- IMPA선용품 카탈로그
- 기름 기록부(기관구성용)
- 기름 기록부(탱커용)
- 등대표
- 오존층파괴물질 기록부
- 조류표
- 조석표
- 천측력
- 폐기물 기록부
- 항해승선실습 훈련기록부
- SOLAS(솔라스) MARPOL(마폴) 등 각종 해사협약서, CODE

＊문우당서점 구비 해사도서

- 항해사 시험 문제집
- 기관사 시험 문제집
- 해양경찰 시험 문제집 및 교본
- 동력수상레저기구 조종면허시험
- 박용 보조기계공학론
- 선박기관 실무
- 선박보조기계
- 선박 안전법 해설
- 선박용 디젤 엔진 및 가스터빈
- 선박화물 운송론

이외 다양한 해사관련 도서 판매중!

인터넷서점 www.munbook.com
국내외 각종지도. 지구본. 부동산/배송용 지도
대형코팅. 액자지도. 코팅지도. 베스트셀러. 납품도서
대표전화 051)241-5555 팩스 051)245-1187

Since 1955 문우당

전국 최고의 해양도서매장 · 지도센터
문우당서점